JN223703

おきなわ木の実さんぽ

The Flower Walk in OKINAWA

写真／文

安里肇栄

表 紙 写 真

〈表〉1段目左より　ナワシロイチゴ、ヤナギイチゴ、ヒカンザクラ
　　　　2段目左より　リュウキュウコクタン、キンギンナスビ
　　　　3段目左より　ツルグミ、アオノクマタケラン
　　　　4段目左より　ノシラン、フヨウ
　　　　5段目左より　ビロードボタンヅル、イトバショウ、ツルモウリンカ
　　　　6段目左より　イヌマキ、ジュズダマ

〈裏〉ヤコウボク

はじめに

　春にはノイチゴ、シャリンバイ、センダン、夏にはテリハボク、ヒルギ、オオハマボウ。秋にはハシカンボク、フヨウ、ノシラン、冬にはツルグミ、ツバキ、エゴノキなど、野山には四季おりおりいろんな花が咲きます。色鮮やかできれいな花があれば、葉陰に隠れてひっそりと咲く花や、非常に小さい花、淡い緑色の地味な花もあります。

　花が咲けば実もつきます。実もいろいろ、赤、黄色、青など色さまざまな実。形も大きさもいろいろです。

　小鳥や山の生き物たちの中にはこれらの木の実を生きる糧にしているものもたくさんいます。一見食べられそうもない実でも小鳥たちにとってはごちそうのようできれいに色づく木の実はすぐに消えてしまいます。

　野山の木の実、草の実の中には食べられる実がいろいろあって、子供たちにとってもおいしいおやつでした。田んぼや畑の近くでバンジロウやリュウキュウバライチゴを見つけ、近くの林内でヤマモモ、シークヮーサー、テンニンカ、ギイマなどの実を採って口に入れていました。暮らしの中では、ソテツの実を毒抜きして食べることもあったし、クチナシの実は漬物の色付けに使われ、山のシークヮーサーは果物としてマチヤグヮーに並ぶこともありました。旧盆にはイタジイ、シナノガキ、アダン、コバンモチの実なども仏壇に供えられていました。

　草木の実の中には食べられないもの、オキナワキョウチクトウのように有毒な実もあります。冬の山のイイギリのように赤く色づき目立つ実があればアマシバの実のように非常に小さな実、サキシマスオウノキのように面白い形の実があり、ヒルギの実のように木に付いたまま根を伸ばすものもあります。種の送り出し方もいろいろで、生き物に食べられて種が移動するもの、綿毛を付けて風に乗るもの、ヘリコプターのような翼をもち宙を舞うもの、勢いよく種を弾き飛ばすもの、獣の毛や服などなどにくっついて移動するもの、水に漂い旅をするものなどがあります。

　このように野山の木や草の実はいろんな色、形、仕組みを備えています。野山を散歩するときは花だけでなく実も観察してみてはいかがでしょう。

著　者

おきなわ 木の実 さんぽ

fruits
nuts
berries

CONTENTS

本書の手引き

植物の花と実

花や実は植物の生殖器官です。花の中で花粉を作り出す雄しべと、花粉を受け取る雌しべの両方を持つ花を両性花といい、たいていの植物はこれに属します。しかし、植物の花には雌しべだけを持つ雌花、雄しべだけを持つ雄花があります。雌花と雄花の株が別々の場合は雌雄異株といい、雌花と雄花が同じ株につく場合は雌雄同株といいます。ただし、雌花や雄花であっても雌しべと雄しべの両方をもっていて、片方が退化し機能を失っているものもあります。

実（果実）は雄しべが放出する花粉を雌しべが受け取り（受粉）、子房が発達したものです。種子は子房の中の胚珠が受粉後に発達したもので、その種子が発芽することで新しい個体が生まれます。

実の形態について

植物の実は一般的に子房が膨らんでできるものですが、がくなど子房以外が膨らんでできるものもあります。また、果肉が厚く果汁たっぷりのものがあれば、果肉が薄く乾いたものもあり、モモのように1個の子房（実）でできている実、イチゴのようにたくさんの実がくっついて一つの実を形づくっているものもあります。実は通常、そのでき方や形態によって分類されていますが、本書では専門的な分類は避けて形や色など主に外観の記述にとどめています。

整理方法（まとめ方）

本書では野山や海辺で出逢う木の実、草の実について取り上げました。これらの草木の実を、食べられる実、色や形など実の外観、植物の自生環境などいろんな視点で分類しています

が、整理に当たっては、まず食べられる実や食べられない実を選び、次に、きれいに色づく実を選び、さらに種の拡がり方や暮らしとの関わりなどの分類項目ごとに該当する実を選定し、最後に残ったものを自生環境により分類しています。なお、中には分類項目には該当はしないものの関連性で含めたものもあります。

実の色、形状寸法

本書に記載されている実の色や形状寸法は筆者の観察に基づくものですが、熟れた実が観察できなかったものについては参考文献やネットの数値も参考にしました。実の大きさや形は個体差があり、環境によっても差が出ます。したがって記載の形状寸法は参考数値です。また、実の径は、球形、楕円体、円錐形など果軸に垂直方向の断面が円に近いものは最も大きい部分の径を表記しています。

自生環境及び木の高さ

ヤンバルとあるのは沖縄本島北部の国頭マージの土壌の地帯、赤土山中とは国頭マージの土壌でやや乾燥気味の地帯、石灰岩地帯とは中南部の島尻マージ地域や本部半島などの石灰岩地域を指しています。

木の高さについて、低木、小高木、高木などの記述をしましたが、高さについて明確な定義はないので、ここでは一般的な目安を使用します。低木とは成木の高さがおおむね 5m 未満の木、小高木とは成木の高さがおおむね 5m以上 10m 未満の木、高木とは成木の高さが 15mを超える木を指します。

主 な 参 考 文 献

『沖縄植物野外活動図鑑』(1979〜89) ／池原直樹／新星図書出版

『里山の植物ハンドブック』(2009) ／多田多恵子／NHK出版

『図鑑　琉球列島有用樹木誌』(1989) ／天野鉄夫／沖縄出版

『はなとやさいづくりの園芸用語事典』(2013) ／肥土邦彦／誠文堂新光社

『屋久島の植物』(1995) ／川原勝征／八重岳書房

『琉球弧・野山の花』(2003) ／片野田逸朗／南方新社

おきなわ
木の実
さんぽ

fruits
nuts
berries

甘いイチゴ見つけた

撮影：H28年5月3日　南城

ナワシロイチゴ｜ばら科

石灰岩地帯の原野に生える半つる性の低木、地を這いつつ枝を立ち上げる。枝先にピンクの花を咲かせるが、なぜか開いた姿を見せてくれない。それでも実だけは結んでくれる。赤く熟れた実はつややか、甘酸っぱくておいしい。実の径は1.6〜1.8㎝。

ホウロクイチゴ | ばら科

林縁に生える半つる性の低木。茎や葉には棘がある。広い葉の付け根に白い花を 2、3 輪咲かせる。実は径 1.9 ㎝ほど。甘くておいしいが毛深いのが玉に傷。

撮影：H28 年 4 月 23 日　名護

リュウキュウイチゴ | ばら科

日当たりのよい林道沿いの斜面に生える低木。白い涼し気な花を咲かせる。実の径は 1.7 〜 2.1 ㎝でオレンジ色に熟れ、なかなかの美味。

撮影：H28 年 4 月 23 日　国頭

撮影：H30 年 4 月 30 日　国頭

クワノハイチゴ | ばら科

ノイチゴの中では最も伸びるつる植物。枝先に 3 〜 5 輪の白い花を付ける。実は径 1.3 ㎝ほど。黒紫色に熟れる。

撮影：H28 年 4 月 23 日　名護

リュウキュウバライチゴ |
ばら科

田んぼの近くや林縁など湿ったところに生える低木。真っ白い花と紫色に熟れる実。実は径 2.3 〜 2.5 ㎝。果汁たっぷりで甘くておいしい。

庭先のかがやき

ヒカンザクラ｜ばら科

公園や街路樹、墓地などに植栽されている小高木。ピンクの色鮮やかな花を咲かせ、春には濃赤色の実を実らせる。実は径 1.2 cmほどの小ぶりのサクランボ、甘味に苦味が加わった絶妙な味。

撮影：H30 年 3 月 26 日　本部

ギイマ｜つつじ科

乾燥気味の赤土林内に生える低木。細い枝に楕円形の小さな葉を付ける。スズランのような壺型の白い花が枝先に並ぶ。実は球形で径6〜8㎜。黒熟する。粒が大きくで果汁が多いものは「ミジギーマ」と呼ばれ甘くておいしかった。

撮影：H27年11月15日　恩納

撮影：H29年11月21日　恩納

オキナワシャリンバイ｜
ばら科

赤土山中に生える小高木。春先、梅型の白い花を樹冠いっぱいに咲かせる。実は球形で径は 1.1 〜 1.2 ㎝。黒紫色に熟れて食べられるが、果肉は薄く果汁がまったくない。それでもかすかな甘みを求めて口に入れた。この木の皮は紬の染料、紫色に染まる。

撮影：H25年10月9日　南城

フクマンギ｜むらさき科

石灰岩地帯の林縁に生える低木。細く伸びた枝は垂れる。花は小さく杯型。実は偏楕円体で径 7 〜 9 ㎜。透き通るような赤に熟れる。小さな実だが甘くておいしい。子供の頃、ゴモジュもこの木の実も「ブブル」と呼んでよくついばんだ。

みずみずしく熟れた実

ヤマモモ｜やまもも科

撮影：H28年5月23日　国頭

赤土林内に生える中高木。雌雄異株で花は赤色、花弁はなく目立たない。実は球形で径は 1.3 〜 1.5 ㎝。黒赤色に熟れ甘くておいしい。採るときは気を付けよう。枝が折れ落下した少年、ハブに遭遇し飛び降りた少年がいた。

撮影：H27年10月24日　八重瀬

ヒラミレモン ｜ みかん科

主に石灰岩地帯に生える小高木。
濃い緑の葉。春先、白い小さな花
が開くと一面に甘い香りが漂う。
実は偏楕円体、径 3.5 〜 4.5 ㎝。
まだ青い実を食べすぎて舌から血
を出した。

撮影：H28年9月25日　南風原

バンジロウ ｜ ふともも科

原野や畑の周りの明るい平地に生
える低木。実は卵形で径4〜6㎝。
黄色く熟れた実は香りが強く甘く
ておいしい。

撮影：H29年8月16日　恩納

テンニンカ ｜ ふともも科

酸性土壌を好み、赤土原野などに
生える低木。ピンク色の花、実
は楕円体で径は 1.6 ㎝ほど。紫に
熟れる。表面が細かい毛で覆われ、
甘くておいしい。

フトモモ ｜ ふともも科

河岸に生える小高木。おしべが目
立つ白い花。実は楕円体、径は
2.5 〜 5 ㎝。白く熟れた実はまる
で卵。やや厚めの殻が果肉、中は
空洞で振るとカラカラ鳴った。甘
くさわやかな味。

撮影：H26年6月16日　久米島

子どもが大好きなおやつ

イヌマキ ｜ まき科

撮影：H29 年 8 月 31 日　糸満

低地の林内に生える高木。成長が早い木は建材として重宝された。雌雄異株で花は黄色。実は径 1.5 ㎝ほど。果肉の上に種が乗っかった面白い形。黒紫色に熟れた実は甘くクワガタムシに与え口にも入れた。

シマグワ ｜ くわ科

赤土にも生えるが石灰質の土壌を好む小高木。葉は蚕のえさ、ミージョーキーに刻んだ葉を広げ与えていた。雌雄異株。花は薄黄色の毛虫状。実は円柱形で径1㎝ほど。黒紫色に熟れ、甘くておいしい。

撮影：H29 年 4 月 18 日　南城

シマサルナシ｜またたび科

山地の林縁に生えるつる性木本。雌株、雄株、両性株がある。実の径は 2.3 ㎝ほど。キウイフルーツの仲間で甘酸っぱい味もそっくり。クーガーと呼ばれ旧盆の供え物の一つだが身近にはなかった。

撮影：H29年6月29日　本部

エビヅル｜ぶどう科

石灰岩地帯でよく見かけるつる性低木。雌雄異株。花は黄緑で円錐形花序を造る。実は球形、径は 8 〜 11 ㎜。少年は「ヤマブドウ」と呼んで実を狙っていたが、いつも小鳥に先を越された。

撮影：H28年8月22日　国頭

撮影：H18年3月5日　国頭

マルバグミ｜ぐみ科

海岸近くの斜面に生えるつる性低木。葉の裏は銀白色。白い花を葉の付け根に咲かせる。実は楕円体で径は 1 ㎝ほど。鱗状毛で覆われ熟れていても赤く見えない。ツルグミより渋みが強い。

撮影：H30年3月26日　宜野座

ツルグミ｜ぐみ科

山地の林縁の明るいところに生える半つる性低木。花は白っぽい色でろうと型、実は楕円体、径は 1.2 ㎝ほど。朱色に熟れた実はみずみずしく甘酸っぱくておいしいが、種が大き過ぎる。

ドングリ拾って

県内に自生するドングリの木は、イタジイ、オキナワウラジロガシ、マテバシイ、アマミアラカシ（以上、左上から左回り）、ウバメガシの5種。このうちウバメガシを除く4種が本島にも自生する。

マテバシイ｜ぶな科

赤土林内に生える中高木。雌雄同株で花は白。実は先の丸い円柱、径は1.3〜1.6㎝。ほかのドングリ同様に開花から実が熟れるまでに1年半以上も要する。実にはヘソがついていてツマヨウジを挿せばかわいいコマができる。炒って食べられる。

撮影：H28年9月11日　国頭

オキナワウラジロガシ

ぶな科

赤土林内に生える高木。巨木の根は地上で板根を造ることも。雌雄同株。実は偏楕円体で径 2.2 〜 2.8 ㎝。日本一大きいドングリ。食べられると聞いたが焼いても渋みは消えず食べられたものではない。

撮影：H29 年 11 月 15 日　大宜味

イタジイ｜ぶな科

ヤンバルの山の大部分を占める高木。春先、一斉に新芽を出し山を黄色に染める。雌雄同株で花は薄黄色。花開くと辺りに生臭い匂いが漂う。実は円錐形、径は 9 〜 13 ㎜で熟れると殻の先が裂け落下する。食用になり焼いて食べた。

撮影：H29 年 12 月 4 日　国頭

アマミアラカシ｜ぶな科

他のドングリの木は国頭マージに生えているが、この木の自生地は石灰岩地帯。まれに本島の中南部でも見かける。15m以上の巨木になる木。実は楕円体、径は 1 〜 1.5 ㎝で、渋味は焼くと弱まるがそれでも食用にはならない。

撮影：H29 年 11 月 1 日　宜野座

小さな宝石のよう

ゴモジュ ｜ すいかずら科

撮影：H30 年 4 月 16 日　南城

石灰岩地帯に生える低木。生垣や公園などの植栽によく利用されている木。しわだらけの葉はむしると独特の香り。枝先に白い小さな花が円錐形の花序を造り、芳香を放つ。実は球形で大きさは径 6 〜 7 ㎜。熟れると透明感のある赤、甘くておいしい。

撮影：H27 年 11 月 27 日　恩納

ヒメクマヤナギ ｜
くろうめもどき科

海岸近く、乾燥気味の台地に生える半つる性の植物。枝先に白い小さな花、実は長楕円体で径 6 〜 7 ㎜。青黒く熟れる。おいしそうに見える実、食べられるが、果汁がない。

撮影：H27 年 12 月 9 日　国頭

撮影：H27 年 11 月 19 日　南風原

ヤマヒハツ｜とうだいぐさ科

ヤンバルのうす暗い林床に生える
低木で、あまり分枝しない幹を 2
mほどに伸ばす。雌雄異株で淡い
緑の非常に小さな花。実の径は 7
㎜ほど。すっぱくておいしいとは
いえない。

シマヤマヒハツ｜

とうだいぐさ科

石灰岩地帯やジャーガルに生える
低木。雌雄異株で雄花、雌花とも
非常に小さい。実は径 6 〜 7 ㎜。
食べられるが、すっぱい。

ヤナギイチゴ｜いらくさ科

林道わきのやや湿った場所に生え
る低木。茎も枝も葉も細い。花は
茎の中途。実は球形で径は 5 〜 7
㎜。きれいなオレンジ色で毒はな
いと聞き口に入れてみたがおいし
くなかった。

撮影：H26 年 4 月 15 日　国頭

目に美し、口に苦し

リュウキュウコクタン

かきのき科

高木で公園木や庭木としてよく利用されている。雌雄異株で花は小さく雄花、雌花とも淡い黄色。芯材は三線の棹、ただし、材が採れるのは100年後。実は楕円体、径は1.1〜1.3㎝。赤、黄、紫色に色づきつややか。熟れると食べられる。甘いが果肉がうすい。

撮影：H28年8月25日　南風原

ノボタン ｜ のぼたん科

乾燥気味の赤土林縁に生える低木。実は壺型で径1.5〜1.7㎝。熟れてはじける。紫色の果肉は食べられるが、渋くて甘味は弱く、ザラザラしておいしいとはいえない。舌は赤黒く染まった。

撮影：H29年10月9日　大宜味

撮影：H29年9月25日　国頭

ムベ ｜ あけび科

ヤンバルの林縁に生えるつる性低木。実は卵形で径5㎝ほど。熟れるとやや赤味を帯びる。甘く美味だが果肉は少なくほとんどが種。

撮影：H28年6月10日　南城

カジノキ ｜ くわ科

低地の林縁に生える小高木。雌雄異株。実の径は2.5㎝ほど。緑色の熟れた実からオレンジ色の突起が伸びて花火のよう。オレンジ部分に甘い果汁が入っている。

撮影：H29年2月2日　国頭

サルカケミカン ｜ みかん科

つる性木本で石灰岩地帯の明るい場所に生える。雌雄異株。実は偏楕円体、径は1㎝ほど。熟れた実を口に入れると甘くて果汁たっぷり。でもそのうち口の周りがヒリヒリした。アゲハチョウの食草。

タンゲブ ｜ ききょう科

林道横の斜面、半日蔭の湿った場所を好む。花は白い。実の径は1.4〜1.6㎝ほど。黒く熟れた実は甘くてレンブのような食感だが、草の匂いに採るのをためらう。

撮影：H29年5月18日　八重瀬

撮影：H27 年 10 月 1 日　南風原

壺に入った蜜と花

イチジクの仲間の花は花のうと呼ばれる丸い壺の中。雌雄異株または雌雄同株で雄花序、雌花序とも外見は同じ。雌花序はアリに羽を付けたようなコバチによって受粉し、やがて膨らみ、果のうと呼ばれる実になる。

オオイタビ ｜ くわ科

つる性木本で茎から出る気根で石垣や木に付着、這い上る。雌雄異株。果のうの径 3.5 ㎝ほど。紫色に熟れると二つに割れ、イチジクのように甘くておいしい。

撮影：H30 年 3 月 6 日　南城

アコウ ｜ くわ科

石灰岩地帯に生える高木。雌雄異株。果のうは偏楕円体、径は 1.3 〜 1.5 ㎝。葉のない枝の周りにつく。黒紫色に熟れてもすっぱいが、小鳥は好む。

撮影：H29 年 7 月 11 日　国頭

イヌビワ ｜ くわ科

林縁に生える低木で高さは 3 〜 5m。雌雄異株でイチジク状花序。果のうは径 2.1 〜 2.5 ㎝。黒紫色に熟れ、やや甘味があって食べられるが、しつこい粘りの乳が邪魔。

撮影：H29年5月1日　沖縄

ガジュマル｜くわ科

石灰岩地帯の林内に生える高木。イチジクの仲間はたいてい雌雄異株だがこの木は雌雄同株。果のうは偏楕円体で径 1〜1.2 cmほど。黒紫色に熟れる実を目当てに小鳥が集まってくる。

撮影：H28年7月20日　名護

撮影：H29年5月22日　八重瀬

ハマイヌビワ｜くわ科

石灰岩地帯の林内の高木。雌雄異株。他の木の上で発芽、根を伸ばして抱きつき絞め殺す「シメコロシノキ」。実（果のう）は球形で径1〜1.8 cm、黒紫色に熟れる。

ホソバムクイヌビワ｜くわ科

低地林内に生える小高木。雌雄異株。剛毛が生える葉は「チミシヤー」と呼ばれて爪磨きに。実は球形で径1 cmほど。黄色、赤、黒紫など色とりどりできれい。

オオバイヌビワ｜くわ科

低地の林内に生える小高木。白っぽい幹や枝、その枝先に大きな楕円形の葉を付ける。実は偏楕円体で径は 2.7 cmほど。熟れてもやや白さを増すだけ。

撮影：H29年5月15日　今帰仁

工夫しないと食べられない

撮影：H27 年 10 月 13 日　那覇

ソテツ｜そてつ科

海岸近くの斜面や石灰岩地帯に生える低木。葉先や幹の先端には鋭いとげが。雄花は円柱、雌花はドーム型で中の実が膨らみ赤く熟れる。実は倒卵形で幅3.6 ㎝、長さ 4.3 ㎝ほど。でんぷん質で食べられるが有毒なので食べ方を間違えないように。

撮影：H26 年 9 月 4 日　南城

フクギ ｜ おとぎりそう科

真っすぐに伸び、年月をかけて巨木になる。屋敷囲いに昔から使われた。樹皮は紬などの染料に。実は偏楕円体、径は 5 〜 6 ㎝。カキそっくりで食べられるらしいが、強烈な匂いで口に入れる気になれない。

撮影：H30 年 4 月 5 日　南城

ヤエヤマアオキ ｜ あかね科

海岸沿いの林縁や林内にも生える小高木。ノニジュースの原料。花はろうと型で白く、花軸の先で花が咲きながら実が合体し膨らんでいく。実は楕円体で径4.5㎝ほど。熟れた実は果物の味はせず、採って数日放置するとドロドロになって強烈な匂いを発する。

毒のある実たち 1

撮影：H29年3月9日　南城

リュウキュウガキ｜かきのき科

石灰岩地帯のうす暗い林内に生える小高木。雌雄異株で雄花雌花とも花は淡黄色。小枝に付く実は黄色く熟れおいしそうに見えるが有毒。口に入れないように。実は偏楕円体で径は 2.2 〜 2.8 ㎝。

撮影：H28 年 7 月 11 日　南城

クワズイモ｜さといも科

平地から山地、林縁から林内まで、いろんなところで目にする。大きな傘型の葉を持ち、花は白、緑の仏炎苞に囲まれ肉質の花軸に付く。実（集合体）の径5 cm、長さ8 cmほど。熟れると裂けて赤い実が出てくる。有毒植物だが小鳥はこの実をついばむ。

テリミノイヌホウズキ｜

なす科

原野や収穫後の畑に繁茂する雑草。白い小さな花を咲かせる。実は球形、径7〜8 mm。黒く艶やかに熟れ、おいしそうに見えるが、株全体に毒があるらしい。小鳥がついばむ様子もない。

撮影：H29 年 4 月 28 日　南風原

撮影：H29 年 4 月 28 日　南風原

イヌホウズキ｜なす科

畑の中でテリミノイヌホウズキに混じって見られる。株や花の外見はよく似ていて見分けがつかない。違いは実に艶がないこと。実は球形で径は5〜8 mm。

毒のある実たち 2

オキナワキョウチクトウ

撮影：H28年8月31日　南城

きょうちくとう科

海岸近くに生える小高木。枝や葉に傷を付けると白い乳液が出る。枝の先端に白いきれいな花を咲かせ、マンゴーそっくりの実をつける。実は楕円体で径は5cmほど。この木はミフクラギ（目が腫れる木）と呼ばれる有毒植物。絶対に食べないで。

ヒマ｜とうだいぐさ科

海岸近くに生える草本。雌雄同株。ひとつの花軸の上側に赤い雌花、下に黄色の雄花を付ける。実は突起が生えた球形で径は 1.8〜2 ㎝。熟れたら黒変して裂ける。有毒だが「ヒマシ油」が採れる。

撮影：H28 年 1 月 19 日　糸満

アオツヅラフジ｜つづらふじ科

海岸近くの台地など日当たりのよいところに生える蔓性低木。雌雄異株で葉の付け根から出る花軸に淡い黄色の小さな花を付ける。実は黒く熟れるが表面が白い粉に覆われ青く見える。おいしそうに見えるが有毒、食べないように。実は球形、径は 6〜7 ㎜。

撮影：H25 年 12 月 10 日　糸満

ムサシアブミ｜さといも科

撮影：H29 年 11 月 7 日　今帰仁

石灰岩の林床に生える草本。3 分裂した葉をつけ、株の真ん中から花穂を伸ばす。花は白く仏炎苞に囲まれた肉穂花序。秋口、地表から 20 ㎝ほど伸びた棒の先に赤い奇妙な塊を見かけたらそれが実。径は 2.5〜3.7 ㎝。

大きくても食べられない

リュウキュウイトバショウ
ばしょう科

芭蕉布の材料で、野生化したものを見かける。2、3m の茎に長さ 1 〜 1.5m の葉、花は黄色、赤い苞がめくれて顔を出す。実は堅い種がぎっしりで果物にはならない。大きさは径 3 ㎝、長さ 8 ㎝ほど。

撮影：H28 年 11 月 13 日　南風原

クロヨナ｜まめ科

石灰岩地帯に生える高木。秋にはピンクの花を咲かせるが、広い葉に圧され目立たない。湾曲した豆のさやは幅 2.5 ㎝、長さが 4.5 ㎝ほど。

撮影：H27 年 11 月 11 日　糸満

撮影：H28 年 10 月 24 日　糸満

ハマナタマメ｜まめ科

海岸台地の原野で、数mに伸びたつるが岩や地表を這い回る。花はピンクの蝶型。旗弁が下でひっくり返った形。さやは幅 3.5 ㎝、長さ 7 ㎝ほど。豆は毒があるらしい。

イソフジ｜まめ科

砂浜と林の境界付近に生える低木。茎や葉は細かい毛で覆われ白っぽく見える。枝先に黄金色できれいな花を咲かせる。丸みのある実は節部がくびれていてジュズのよう。豆の径は 1.2 ㎝、長さは 8 ～ 10 ㎝。

撮影：H29 年 2 月 27 日　南城

撮影：H29 年 8 月 31 日　八重瀬

タカナタマメ｜まめ科

葉、花、太った実はハマナタマメそっくりだが、やや内陸部の木々にかぶさりつるを伸ばす。さやは幅 4 ㎝、長さ 8 ㎝ほど。

撮影：H29 年 9 月 18 日　八重瀬

ハカマカズラ｜まめ科

石灰岩地帯の山すそに生えるつる植物。枝分かれした花軸にたくさん花を付ける。実はズングリした豆果、長さ 7 ㎝ほど。

撮影：H28 年 8 月 14 日　東

アフリカタヌキマメ｜まめ科

緑肥として外国から持ち込まれたが、今では道端や荒地で見かけるだけ。三つ葉をつけた枝先に黄金色のきれいな花が並ぶ。実は黒色に熟れる豆果で長さは 4 ㎝ほど。

コガネタヌキマメ｜まめ科

緑肥として栽培されたものが野生化。単葉でアフリカタヌキマメに比べ太い茎、黄金色の花も大きめで荒々しい。豆果は長さ 4 ～ 6 ㎝。

撮影：H24 年 6 月 8 日 東

色づくウリ

ケカラスウリ｜うり科

山裾に生えるつる植物。雌雄異株で白いひげのような花弁の花を付ける。花は夜開き朝にはしぼむ。実は楕円体、径は4.4cmほど。真っ赤に熟れ艶があってきれい。「ミーフックヮー」(目が腫れる)と呼ばれていたが毒はないらしい。

撮影：H24年3月20日　うるま

撮影：H22年10月26日　恩納

オオカラスウリ｜うり科

林縁に生えるつる植物で茎に毛深い掌型の葉をつける。雌雄異株。花びらの先が糸状に裂けた白い花。実は楕円体で径は5cmほど。白い紋があるが熟れると消えてオレンジ色に。

オキナワスズメウリ ｜ うり科

原野や林縁のつる植物。黄緑の掌形の葉の付け根に黄色い小さな花を咲かせる。丸い実は径2cmほど。かわいいが有毒。

撮影：H27年11月20日　那覇

撮影：H28年8月22日　国頭

撮影：H28年1月19日　八重瀬

リュウキュウカラスウリ ｜ うり科

山裾のつる植物。雌雄異株。白い花は夜開く。花びらの先は糸状。実は楕円体で径は6cmほど。オレンジ色に熟れる。

アマチャヅル ｜ うり科

日差しの弱い山裾や林内に生えるつる植物。雌雄異株で花は薄黄色。さまざまな薬効で健康茶などにも。実は黒く熟れ、径7mmほど。

サンゴジュスズメウリ ｜ うり科

海岸近くの原野や林縁のつる植物。茎や葉に短い毛、花は小さく黄色。実は球形で径1cmほど。熟れるとプチトマトのよう。

クロミノオキナワスズメウリ ｜
うり科

石灰岩地帯の原野でつるを伸ばす。雌雄異株。花は白、のちに黄変。実は楕円体で径1.3cmほど。かびた感じで黒緑色に熟れる。

撮影：H28年4月21日　南城

撮影：H22年10月5日　南城

モチノキ粒ぞろい

リュウキュウモチ｜もちのき科

乾燥気味の赤土林内に生える小高木。個体数は少ないらしくあまり見かけない。雌雄異株。小さい花は淡黄色で4枚の花弁。実は球形で径は7mmほど、赤熟する。

撮影：H28年9月11日　国頭

撮影：H28年9月22日　恩納

ツゲモチ｜もちのき科

林縁に生える小高木。花の色は白、小さいが数は多め。雌雄異株。実は偏楕円体で径は4〜5mm、赤く熟れる。

モチノキ｜もちのき科

撮影：H28年8月29日　恩納

赤土林縁に生える小高木。モチノキ科の中では最もよく見かける。雌雄異株で花は淡黄色の小さな花。雌株の花は雄株に比べ花中央の子房が大きい。実は球形で径1.1〜1.2cm。赤く熟れる。

シマイヌツゲ｜もちのき科

赤土林内の低木で雌雄異株。花は4花弁で白。株はよく見かけるがめったに花を見せてくれない。実は球形、径は7〜8㎜。他のモチノキ科の実と異なり黒熟する。

撮影：H28年12月20日　国頭

撮影：H29年11月22日　糸満

クロガネモチ｜もちのき科

林内に生える小高木。雌雄異株で花は茶褐色の若枝につき、やや赤っぽい。実は球形で径6〜7㎜。赤く色づききれいで公園木や庭木として利用されている。

撮影：H28年11月29日　国頭

オオシイバモチ｜もちのき科

赤土林内に生える小高木。雌雄異株で花は淡黄色。雌花には大きな子房が見える。実は球形、径は5㎜ほど、赤く熟れる。

つやつやナスの実

キダチイヌホウズキ｜なす科

撮影：H27年10月4日　南城

庭園用が野生化したもので、海岸近くや石灰岩地帯の林縁で見かける低木。枝先付近に白い花を咲かせるが小さくて見栄えがしない。実は球形で径は1.1 ㎝ほど。オレンジ色に熟れヒヨドリやシロガシラなどがついばむ。

撮影：H25年12月19日　名護

ハダカホウズキ｜なす科

林道わきや水辺のやや湿ったところに生える草本。細い枝から細い花柄を伸ばし淡い黄色の小さな花を咲かせる。実はつやのある楕円体、径7㎜ほど。

キンギンナスビ｜なす科

やや湿り気のある原野や道端に生える草。茎や葉には鋭いとげ。実は球形で径2.5〜2.7 ㎝。スイカのような縦紋があるが、熟れると消えて真っ赤に。

撮影：H30年7月9日　大宜味

フサナリツルナスビ ｜ なす科

つる性の低木。庭園から逃げ出し野生化したもので、人里近くで見かける。枝先に集まって咲く青紫の花はきれい。真っ赤に熟れた実も艶があってきれい。でも葉は生臭い。実は球形、径は 9 〜 10 mm。

撮影：H28 年 7 月 20 日　今帰仁

撮影：H26 年 4 月 14 日　糸満

撮影：H29 年 9 月 21 日　南城

セイバンナスビ ｜ なす科

荒地や道端に生える低木。茎や葉にまばらにとげがある。実は球形で径は 1.3 〜 1.5 cm。黄熟した実はめったに見かけない。

ヤンバルナスビ ｜ ゆり科

石灰岩地帯の原野や林縁の低木。枝や葉は細かい毛で覆われる。実は球形で径 1.9 cmほど。黄色に熟れるが色づき始めるとすぐに消える。たぶん、小鳥の仕業。

メジロホウズキ ｜ まめ科

石灰岩地帯やヤンバルの山裾の日差しのない場所に生える草。花は淡い紫。実は偏楕円体で径 1.2 cmほど。熟れた実は真っ赤でつややか。メジロの口には大きすぎる。

撮影：H28 年 7 月 11 日　南城

撮影：H22 年 12 月 12 日　国頭

撮影：H31 年 1 月 10 日　国頭

イイギリ｜いいぎり科

林内に生える高木。雌雄異株。大きな花序だが花は薄緑色で人目を引くことはない。実は球形、径は8〜10㎜。赤く熟れ房状に垂れる。

シロダモ｜くすのき科

土壌を選ばない高木で、赤土の山、石灰岩地帯の林内にも。雌雄異株で花は小さく白、実は楕円体で径1.2〜1.3㎝。真っ赤に熟れる。

撮影：H28 年 6 月 29 日　本部

サンゴジュ ｜ すいかずら科

林内に生える小高木で白い花を咲かせる。葉は魚毒で、フナを採るためすり潰して小川に流したことも。実は楕円体で径7㎜ほど。赤熟してサンゴの造形物のよう。

撮影：H27 年 11 月 2 日　名護

ハクサンボク ｜ すいかずら科

林縁に生える低木。花の少ない時期に咲く真っ白い花は目立つ。実は楕円体で径は5〜6㎜。小さいがつややかで真っ赤に熟れる。

H28 年 11 月 5 日　今帰仁

ヤンバルアワブキ ｜ あわぶき科

林内に生える小高木で枝を広げハゼのような葉を茂らせる。枝先に白い花、小さな花が多数集まって咲く。丸い小さな実は径6㎜ほど。赤く熟れる。

山に映える木々の実

撮影：H28 年 9 月 27 日　南城

ハゼノキ ｜ うるし科

林内に生える高木。雌雄異株。実からロウが採れ、ロウソクの材料、軟膏やポマードなどの基剤にもなった。木をさわると肌がかぶれる。羽葉は真っ赤な紅葉を見せてくれる。実は丸みを帯びた長方体、長辺は 1.1 cmほど。

まるで黒ダイヤのよう

ヤブニッケイ｜くすのき科

林内に生える小高木。枝先に淡黄色の小さな花を咲かせる。花はたくさん咲いても実はまばら。おまけに熟れる直前に小鳥に持っていかれる。だから、めったに熟れた実に逢えない。実は径 1 〜 1.2 ㎝の楕円体、黒紫色に熟れる。

撮影：H27 年 12 月 20 日　南風原

撮影：H27 年 10 月 6 日　恩納

シバニッケイ｜くすのき科

赤土林内に生える小高木。枝先に咲く花は小さく淡い緑で目立たない。実は楕円体、径は 8 ㎜ほど。紫色に熟れる。虫こぶ（肌色の円盤）ができやすく、全部の実が虫こぶに変わるときもある。

タブノキ｜くすのき科

林内に生える高木でクワガタムシ
などが集まる。花は淡黄色で小さ
く、開花から実が熟れるまでわず
か 3 か月。実は偏楕円体で径は
1.4 〜 1.6 ㎝。青紫に熟れる。

撮影：H30 年 4 月 10 日　南城

ハマビワ｜くすのき科

石灰岩地帯の小高木。雌雄異株、
花は薄黄色。実は楕円体で径は
1.3 ㎝ほど。黒紫色に熟れる。小
鳥の好物らしく色づくとすぐに消
える。

撮影：H29 年 5 月 1 日　糸満

撮影：H29 年 6 月 5 日　南城

オキナワヤマコウバシ｜
くすのき科

石灰岩地帯の林内の低木。県の絶
滅危惧種。雌雄異株。花は小さく
淡い緑色。実は球形で径8㎜ほど。
赤く熟れる。

クスノキ｜くすのき科

林内の高木。木に香りがありソー
ノーギーと呼ばれていた。花は淡
黄色。実は偏楕円体で径は 1 〜
1.1 ㎝。黒紫色に熟れる。

撮影：H28 年 12 月 10 日　那覇

イヌガシ｜くすのき科

林内の小高木。雌雄異株で花は赤
く、雄花は華やかだが雌花は小さ
く形も乱れがち。実は楕円体で径
は 1 ㎝ほど。黒紫に熟れる。

撮影：H29 年 12 月 27 日　国頭

野山のラピスラズリ

ノシラン｜ゆり科

撮影：H29年2月15日　糸満

石灰岩地帯のうす暗い林床に生える草本。ユリ型の愛らしい花を咲かせる。数か月後には瑠璃色の宝石のような実が。実は長楕円体、径1㎝ほど。偏平な果茎は実を支えきれず倒れこむ。

撮影：H28年5月30日　南城

キキョウラン｜ゆり科

海岸近くの原野から山頂に至る道端など、明るい場所に生える草本。長い茎に淡青の小さな花を付ける。実は径9㎜ほどの球形で、ツヤのある青紫に熟れて花よりも目立つ。

オオムラサキシキブ | くまつづら科

海岸近くや石灰岩地帯の林縁など明るい場所に生える低木。枝先にうす紫のろうと型のきれいな花を付ける。実は球形で径は6〜8㎜。熟れると鮮やかな紫色になり、作り物のよう。

撮影：H29年1月30日　那覇

撮影：H28年1月10日　南城

ヤブラン | ゆり科

海岸近くの原野や林の縁など、明るい場所に生える草本。棒状の花茎に平開する紫色の小花。熟れた実は艶のある黒で径8㎜ほど。

撮影：H28年8月22日　国頭

コヤブミョウガ | つゆくさ科

林内の水辺や道路脇の湿った場所に生える草。茎の先端から花軸を伸ばして透き通るような白い花を咲かせる。丸い実は黒真珠の輝き。径は5㎜ほど。

撮影：H27年11月4日　那覇

ナガミボチョウジ | あかね科

石灰岩地帯の林床に生える低木。花は小さく白で目立たない。実は径1.1〜1.2㎝の楕円体。赤く熟れて薄暗い林内に輝く。

葉も美しい月桃

ゲットウ｜しょうが科

撮影：H27 年 10 月 31 日　南城

里山に生える草本。香りが強い幅広の葉はムーチーのカーサ。子供たちは行事の前になると近くの森に採りに行った。花は白、茎（偽茎）先端に総状花序を造る。オレンジ色の唇弁はランを想わせる。実は径 1.5 〜 1.8 ㎝の球形でヘソがあり真っ赤に熟れる。

撮影：H29年11月15日　名護

クマタケラン｜しょうが科

山裾に生える草本。ゲットウにそっくりで見分けは難しいが、やや背が高く、葉は柔らかく広め。花は白で唇弁には赤い紋がある。香りが弱いのでムーチーには利用されていない。赤熟する実は球形で径1.2〜1.5 ㎝。受粉率が極端に低くめったに実を見せてくれない。

アオノクマタケラン｜

しょうが科

薄暗い山中に生える草本。株の外観がゲットウやクマタケランによく似ているが、株は小さめ。こちらも香りは弱くムーチーには向きそうもない。花は白、唇弁には2本の赤い筋がある。実は球形で径は1〜1.1 ㎝。赤く熟れた実はつややかで暗い林床に映える。

撮影：H29年12月11日　国頭

紫色のモクセイ

撮影：H28年2月11日　南風原

ネズミモチ | もくせい科

山裾に生える低木でよく分岐し葉を茂らせる。花は白くて小さいが円錐形のきれいな花序を造る。実はやや潰れた長楕円体で径は8mmほど。黒紫色に熟れる。

オキナワイボタ | もくせい科

ヤンバルの林内の明るい場所や林道脇に生える低木。ネズミモチとよく似ているが幹、枝、葉が細い。枝先に白い涼し気な花を多数咲かせる。実はやや潰れた長楕円体で径は6mmほど。熟れた色は黒紫色。

撮影：H29年2月2日　国頭

オキナワソケイ | もくせい科

石灰岩地帯に生えるつる性木本。ジャスミン風の白い花を咲かせるが、か弱くて触れると散ってしまう。絶滅危惧種にも指定されている植物で、ほとんどが姿を消してしまった。実は楕円体、径は 1.1〜1.3㎝。つややかな黒。

撮影：H30年4月9日　南城

リュウキュウモクセイ |
もくせい科

石灰岩地帯に生える小高木。まっすぐ伸びる幹、よく分枝し葉を茂らせる。雌雄異株で花は白、小さな花で葉陰に隠れて咲く。実は楕円体、径は 1 ㎝ほど。黒紫色に熟れる。

撮影：H30年3月29日　糸満

ウルトラマンと風船

河口に近い湿地に生える高木で雌雄異株。花は小さく薄茶色で釣鐘型。熟れた実は茶色で、形はまるでウルトラマンの頭のよう。根の形も変わっていて地上に広がる大きな板根。ひとつの実がひとつの種。長さは 4 〜 5 ㎝。

撮影：H28 年 7 月 20 日　名護

リュウキュウハナイカダ｜

みずき科

林内の日差しの弱いところに生える低木。雌雄異株で花は小さく淡い緑色。実は葉の中ほどにつく。球形で径は 6 〜 8 ㎜。黒く熟れる。

ハナガサノキ｜あかね科

赤土の林縁に生えるつる性低木。放射状に伸びた花軸に柄のない小さな花が数輪集まって咲くが地味。白い花が花笠に似ているらしい。実は数個の合体で赤く熟れる。合体した実の径は 9 〜 11 ㎜。

撮影：H28 年 11 月 29 日　国頭

センナリホウズキ ｜ なす科

畑の中や原野に生える草本。淡黄色の小さな花が葉に隠れるように咲く。実は風船のような袋（がくの変形）の中、袋の径は 2.5 ㎝、実は 1 ㎝ほど。袋が枯れるころに中の実が熟れる。色は黄緑、かすかな甘みがある。

撮影：H28 年 7 月 17 日 八重瀬

フウセンカズラ ｜ むくろじ科

観賞用が野生化したつる性草本。真っ白な花は小さすぎて花には見えない。実は風船形、径は3㎝ほど。熟れて茶色に枯れた袋の中には熟した黒い種が3個、種の基部の白いハート形模様が面白い。猿面にも見える。

撮影：H27 年 10 月 14 日　南風原

コフウセンカズラ ｜ むくろじ科

フウセンカズラによく似ている。違いは実がやや小さく三角形に近い形をしていること。

撮影：H27 年 11 月 6 日　南風原

ツノツノ、つぶつぶ

オキナワツゲ｜つげ科

本島で目にするのはもっぱら植栽されているもの。石灰岩地帯に生える小高木で雌雄同株、白い小さな花を咲かせるが花弁はなく地味。ハンギーと呼ばれ材は堅く印鑑や櫛の材料として使われていた。実は角の生えた楕円体。径は8mmほど。

撮影：H28年3月2日　糸満

撮影：H28年11月17日　国頭

リュウキュウコンテリギ｜

ゆきのした科

林道沿いの日差しの弱い斜面に生える低木で小さなノコギリ緑の葉を付け、枝先に白い花を咲かせる。ヤリのように細く面白い形の花弁。実は小さく径3mmほど。

シマキツネノボタン｜

きんぽうげ科

道端や畑の周りのやや湿ったところを好む草。花は黄色、葉の付け根に一輪ずつ。実は楕円形の痩果の集合果で径1cmほど。

撮影：H30年3月22日　八重瀬

ジュズダマ ｜ いね科

ハトムギの仲間で湿地に生える。実に見えるのは苞葉鞘で実は中にある。苞葉鞘は楕円体で径 8 mm ほど。白、緑、紫、黒などいろんな色が混じるが熟れると黒くなる。女の子がブレスレット、お手玉を作った。

撮影：H27 年 11 月 17 日　南城

撮影：H28 年 2 月 18 日　国頭

ハドノキ ｜ いらくさ科

林道の脇から道路を覆うように幹や枝を伸ばす低木。雌雄異株。花は幹の中途。ブツブツした半透明の塊は肉質化した雌花の花披（花弁またはがく）の集合体。表面の黒い部分が果実。塊の径は 5 mm、実は 1.5 mm ほど。

ツルソバ ｜ たで科

林縁や草地に生えるつる性の草。枝の先端に白い小さな花を咲かせる。熟れた実は藍色。みずみずしく見える部分はがくが膨らんだもので、実はその中。カボチャ型（がく）の実の径は 5 〜 6 mm。

撮影：H29 年 4 月 16 日　本部

撮影：H30年12月10日　那覇

サツマサンキライ｜ゆり科

石灰岩の林縁などで見られる雌雄
異株のつる性低木。茎には棘があ
るものも。花は薄黄色。実は径6
mmほどの楕円体。紫色に熟れるが、
熟れるとすぐに消えてしまう。

撮影：H30年1月18日　糸満

ハマサルトリイバラ｜ゆり科

海岸近くの草地や林縁に生える雌
雄異株のつる性低木。イバラの名
だが茎に棘はなくサルを捕らえる
ことはできない。花は薄黄色。放
射状につく実の径は7〜9mm。黒
紫色に熟れる。

撮影：H29年1月19日　那覇

オキナワサルトリイバラ｜

ゆり科

乾燥気味の赤土山中に生える雌雄
異株のつる性低木。分枝したつる
を伸ばし木々にかぶさる。茎は
赤っぽく花は薄黄色。ハマサルト
リイバラに似た半球形の花序を造
るが花数は少なめ。実の径は8〜
10mm。赤く熟れてきれい。

ササバサンキライ ｜ゆり科

赤土山中に生える雌雄異株のつる
性低木。つるは細く葉も細長くて
小さめ。サンキライの仲間では最
も小型。花はめずらしい黒紫色で
放射状の花序を造る。実は球形で
径は 8 〜 10 ㎜、つややかな黒色。

撮影：H28 年 12 月 31 日　国頭

撮影：H29 年 1 月 23 日　今帰仁

リュウキュウハリギリ ｜

うこぎ科

土壌を選ばず平地から山地の林内
に見られる高木。枝先に淡い緑色
をした星形の小さな花を付ける。
夏にはクマゼミが集まり大合唱。
実は楕円体で径は 4 ㎜ほど。黒紫
色に熟れる。

撮影：H29 年 8 月 16 日　今帰仁

カラスキバサンキライ ｜

ゆり科

土壌を選ばず海岸近くや山裾の明
るい場所で見られるつる性低木。
雌雄異株で花は緑色で放射状の花
序。花びら（花被片）が癒着し、
まるで実のような形で先端がわず
かに開いている。実は球形で径は
1 〜 1.3 ㎝。黒熟する。

怖いような不思議な実

ナカハラクロキ │ はいのき科

赤土林内に生える小高木でハイノキ科の中で最も高く伸びる。太めの幹を持ち、上部で枝を広げる。花は梅型の白、黄色い雄しべの涼しげな花。実は楕円体で径7〜10mm。黒熟する。

撮影：H27年10月6日　恩納

撮影：H28年10月27日　国頭

アマシバ │ はいのき科

渓流沿いに生える低木。花は真っ白、枝先付近に涼し気な花序を造る。実は小さく控えめ、あまり受粉しないらしく、めったに実を見せてくれない。実は長楕円体で径は3mmほど。

ヤンバルミミズバイ │ はいのき科

直立性の小高木。県内のハイノキ科の植物では最も大きな葉を持つ。花の形や付き方が変わっている。枝先ではなく葉のない枝の途中に、花は開かず花びらの真ん中から雄しべが伸びる。実はトックリ型、径は5mm、長さ1cmほど。熟れた色は青紫。

撮影：H28年5月9日　国頭

オジギソウ｜まめ科

原野などで見かける半つる性植物。枝先や葉に触れると一瞬にして葉を閉じ葉柄を垂らす。だから「オジギソウ」。花はピンク色、小花が放射状に広がりまるで花火。毛深い豆果も花火型。豆の長さは 1.5 ㎝ほど。

撮影：H28 年 11 月 3 日　南風原

撮影：H21 年 12 月 3 日　南風原

タンキリマメ｜まめ科

日当たりのよい原野や道端で見かけるつる性の植物。花は淡い黄色。豆果は幅 7 ㎜、長さ 1.4 ㎝ほどの楕円形。茶色に熟した実がはじけて中から 2 個の黒い種が飛び出て、まるでカニの目玉。

エダウチクサネム｜まめ科

道端や明るい草地で時おり見かける。よく分岐した枝に羽葉を付け、葉の付け根から伸びた花軸にやや赤みを帯びた小さな花を咲かせる。幹や枝が細くそよかぜにもなびく。実は豆果で長さは 2〜3 ㎝。

撮影：H27 年 11 月 27 日　東

ヤコウボク｜なす科

庭園木としてなじみだが野生化したものも多い。半日蔭の場所で見かける。細い幹を 2 ～ 3mに伸ばし枝先に筒状の花をつける。夜に花開いて甘い香りを放つ。実は径9 ～ 10 mmの卵型で熟れると白色。

撮影：H27 年 10 月 13 日　那覇

甘い香りの花の実

クチナシ｜あかね科

林内の明るい場所に生える低木。白い風車形の花が開くと芳香が漂う。実は縦筋が入った楕円体で径1.5～1.9 cmほど。オレンジ色に熟れ、中はさらに鮮やかなオレンジ色。漬物の色づけに。

撮影：H27 年 12 月 8 日　南城

撮影：H28 年 1 月 25 日　那覇

トベラ｜とべら科

雌雄異株の低木で土壌や環境を選ばない。葉をむしると嫌な臭いだが、枝先に咲く花は甘い香りを放つ。実は黄白色に熟れ、3 枚に裂け赤い種が露出する。実は球形、径は 1.8 ～ 2 cm。

アマクサギ｜くまつづら科

山裾のやや明るい場所に生える小高木。葉は独特のにおいが。花は涼しげな白いろうと型で甘い香りを放つ。実は球形で径は7mmほど。熟れて開いた紫色のがく、真ん中に黒紫色の丸い実。

撮影：H27年9月24日　国頭

撮影：H27年10月14日　南城

ゲッキツ｜みかん科

石灰岩地帯に生える小高木。枝に濃い緑色の小さな葉、花は真っ白、開くと辺りに甘い香りが漂う。実は径 1 cmほどの楕円体で冬場に真っ赤に熟れる。竹で作った捕物カゴに赤い実を入れヒヨドリを誘った。

オシロイバナ｜おしろいばな科

庭園の草花が野生化したもの。花は筒の長いろうと型で夕刻に開き、甘い香りで誘いかける。実は偏楕円体、径7mmほど。熟れると黒くゴツゴツ。

撮影：H29年4月28日　南風原

匂いに虫が寄ってくる

撮影：H27 年 11 月 15 日　恩納

ヒサカキ｜つばき科

赤土林内のやや明るい場所に生える小高木。雌雄異株。花はくすんだ白で小さく目立たないが、異臭を放ち昆虫を呼び寄せる。実は球形で径は 5 ㎜ほど。黒熟する。

撮影：H29 年 11 月 1 日　国頭

ハマヒサカキ｜まめ科

海岸近くの赤土斜面に生える低木。雌雄異株。白い小さな花から異臭が漂う。ギイマの近くに生えて食べられないことから「ガラサーギーマ」と呼ばれていた。実の径は 5 〜 6 ㎜。

撮影：H29 年 6 月 11 日　石川

イルカンダ｜まめ科

山中で太いつるを長く伸ばし高い木々にかぶさる。焦げ茶色の花は太い幹の途中につき、生臭い匂いを漂わせる。実も大きく、さやの長さは 40 ㎝ほど。

アカメガシワ｜とうだいぐさ科

林縁に生える小高木。雌雄異株で花は薄黄色、花びらがない。実は球形で径 9 ㎜ほど。柔らかい突起が生え、熟れごろには赤いカメムシが集まる。

撮影：H28 年 6 月 16 日　国頭

撮影：H28 年 6 月 10 日　南城

カメムシ
あつまれ

撮影：H29 年 10 月 19 日　南城

オオシマコバンノキ｜
とうだいぐさ科

海岸近くや石灰岩地帯の林縁に生える低木。雌雄同株。実の径は 6 〜 7 ㎜。膨らむと葉の表に現れる。 若いうちから赤みを帯び熟れると黒変する。

オオバギ｜とうだいぐさ科

平地や海岸近くなどあちこちで見かける小高木。ナナホシキンカメムシが集まる。雌雄異株で花は薄黄色。実は球形で径 1 〜 1.3 ㎝。柔らかな突起があり熟れると裂けて黒い種がのぞく。

カキバカンコノキ｜
とうだいぐさ科

低地の林内の小高木。メタリックブルーのカメムシが集まる。雌雄同株。実の径は 1 ㎝ほど。カボチャ型で熟れると裂けて赤い種がのぞく。

撮影：H29 年 5 月 4 日　東

撮影：H28 年 4 月 26 日　南風原

クスノハガシワ｜とうだいぐさ科

石灰岩地帯に生える小高木。雄異株で葉に肌色のカメムシが大集合。実は 2 〜 4 個の球が合体した球形で径 1 ㎝ほど。

撮影：H28 年 9 月 5 日　久米島

カンコノキ｜とうだいぐさ科

平地や山地の林縁に生える低木。雌雄同株、花はクリーム色で小さく目立たない。実の径は 1 ㎝ほど。乾燥して殻が取れると赤い種がのぞく。

天然のドライフラワー

セイロンアサガオ｜ひるがお科

別名ウッドローズ。人里に近い原野や山裾に生える。花が一斉に咲くので見栄えがする。実はひし形で大きく、熟れてがくが開くとドライフラワーのよう。開いたがくは9cm、丸い殻は径4cmほど。

撮影：H29年4月8日　名護

リュウキュウマツ｜まつ科

赤土林内やニービに生える高木で、沖縄県の県木。かつては巨木の林や並木が随所にあったが、環境の変化、シロアリ、松くい虫などにやられほとんどが消滅してしまった。道路の切土斜面にいち早く根を下ろす。大切に育てたい。雌雄同株で雄花は黄色の円柱、雌花は赤い楕円体。開いた実はマツボックリで径4㎝ほど。中の種には羽葉がついてヘリコプターのように回転しながら飛んでゆく。

撮影：H28年9月22日　恩納

撮影：H30年4月5日　南城

フヨウ｜あおい科

山地の明るい場所に生える低木。主幹もしくは数本で株立ちする。枝の先端付近に白やピンクのきれいな花を咲かせる。実は球形で径2.5cm、熟れて乾燥すると5枚に開き、径4㎝ほどのドライフラワー状に。中には毛虫のような小さな種が収まっている。

割れた実がきれい

ゴンズイ｜みつばうつぎ科

赤土山地の林縁に生える低木で横
に広がる枝に羽葉を付ける。花は
非常に小さく、うす緑色で地味。
実はピンク色の丸みを帯びた長方
体で長さ 10 mmほど。割れた殻の
内側も真っ赤で、飛び出した種は
カニの目玉のよう。

撮影：H28 年 8 月 14 日　恩納

撮影：H28 年 12 月 7 日　今帰仁

撮影：H29 年 11 月 21 日　恩納

ツルウメモドキ｜にしきぎ科

山裾の半つる性植物。10m にもなるつるに円形の葉。雌雄異株。株が少なく滅多に逢えない。実は緑色の楕円体で径は 7 ㎜ほど。

テリハツルウメモドキ｜

にしきぎ科

石灰岩地帯に生える半つる性低木で雌雄異株。実は球形で径 6 ～ 8 ㎜。熟れても色は変わらず、やがて裂けて赤い皮に包まれた種がのぞく。盆栽に利用されている。

撮影：H30 年 2 月 20 日　糸満

マサキ｜にしきぎ科

石灰岩地帯の林内の低木。実は偏楕円体で径 1 ～ 1.3 ㎝。熟れるとやや赤みを帯び、裂けると赤い皮に包まれた種がのぞく。旧暦の一日十五日に仏壇に供えられた。

撮影：H30 年 9 月 16 日　南城

コクテンギ｜にしきぎ科

石灰岩地帯に生える小高木。熟れた実は赤みを帯びた白。実は紙風船型で径 1 ㎝ほど。裂けると中の赤い種がのぞく。

撮影：H30 年 2 月 20 日　糸満

ハリツルマサキ｜にしきぎ科

石灰岩地帯の明るい場所に生える低木。枝に鋭い棘があるものも。雌雄異株で葉の付け根に白い小さな花を咲かせる。マッコーと呼ばれ盆栽に愛用されている。実は扁平なハート型で幅は 6 ㎜ほど。

三つに開くツバキ

撮影：H27 年 10 月 8 日　国頭

ヤブツバキ｜つばき科

山中に生える小高木。赤やピンクのきれいな花を咲かせる。実は薄緑の球形で径 3.5 〜 5 ㎝。熟れても色の変化はほとんどないが、日の当たる部分は赤く色づく。堅い殻は三枚に開き、種を放出する。

撮影：H28 年 11 月 23 日　今帰仁

サザンカ｜つばき科

赤土山中に生える低木。ツバキより幹や枝は細く葉も小さめ。実は球形で径 1 〜 1.2 ㎝。殻は 3 枚に開く。

撮影：H28 年 10 月 9 日　国頭

ヒサカキサザンカ｜つばき科

山中に生える小高木で枝先に多数の蕾をつけるが花は一斉に開かず、地味な淡緑色で人に気づいてもらえそうにない。実は楕円体で径 1.8 〜 2.4 ㎝。

撮影：H29年11月9日　大宜味

ヒメサザンカ｜つばき科

薄暗い山中や渓岸に生える小高木。枝に毛の生えた小さな葉を付け、白い花を咲かせるが花の形が不ぞろい。でも、甘い香りを漂わせる。楕円体の実は径1cmほど。

撮影：H28年8月22日　国頭

リュウキュウナガエサカキ｜

つばき科

赤土林内や林縁に生える小高木。しなやかに伸びた枝に細めで楕円形の葉を付ける。花はやや透明感のある白で葉陰に隠れて咲く。がくに包まれた実は球形、径は9mmほど。黒熟する。

撮影：H28年9月22日　恩納

イジュ｜つばき科

赤土山中に生える高木。山の斜面で樹冠いっぱいに咲いた花は見事。実は逆円錐形で径1.5〜2cm。黒熟し先が割れ、羽の付いた種を飛ばす。

モッコク｜つばき科

赤土林内に生える小高木で、公園や庭木によく利用されている木。実は球形で径1.5cmほど。日の光を浴び真っ赤に色づき。熟れて弾けると赤い種がのぞく。

撮影：H25年11月24日　恩納

パラシュート広げて 1

撮影：H29 年 12 月 4 日　宜野座

ホウライカガミ｜
きょうちくとう科

石灰岩地帯に生えるつる植物。花はくすんだ黄色で目立たない。実は棒状で長さ 9 ㎝ほど。熟れて割れると中から綿毛をつけた種が顔を出し、落下傘を広げて風に乗る。有毒だがオオゴマダラのご馳走。

リュウキュウテイカカズラ｜
きょうちくとう科

つる性の低木で分岐した枝から気根を出し木などに付着する。枝の先に白い涼しげな花をたくさん咲かせる。実は線形、径 5 ㎜、長さ 16 ㎝ほど。2 本 1 対、熟れて裂けると真っ白い綿毛をつけた種が飛び立つ。有毒。

撮影：H29 年 2 月 2 日　国頭

撮影：H31 年 1 月 25 日　南風原

ツルモウリンカ ｜かがいも科

カバマダラの食草で石灰岩地帯の林縁や原野に生えるつる植物。花は淡い緑で風車のよう。実は角型で断面は楕円形、長径 8 ㎜、長さ 5 ㎝ほど。2 本対で中には綿毛を持つ種が。

サカキカズラ ｜きょうちくとう科

林縁に生えるつる植物で葉は長く分枝も少なめ。花は淡黄色で細い花弁の風車状。実は角型、断面は楕円形で長径 1.6 ㎝、長さ 7.6 ㎝ほど。2本が対になっていて綿毛をたたんだ種が収まっている。

撮影：H28 年 5 月 23 日　東

撮影：H27 年 11 月 23 日　恩納

ヒメイヨカズラ ｜かがいも科

海岸台地の草地に生える。卵型の葉で草丈が低くつるにはならない。葉の付け根に数少なく淡い緑色の花をつける。実は径 1 ㎝、長さ 7 ㎝ほど。熟れて割れると綿毛を持つ種が出てくる。

アイカズラ ｜かがいも科

草木染の染料として使われるつる植物。花は小さく薄黄色。葉の付け根にボール状の花序をつくる。実は角型で径 1 ㎝、長さ 6 ㎝ほど。熟れて裂けると綿毛のついた種が飛び立つ。

撮影：H29 年 12 月 25 日　南城

撮影：H29 年 1 月 9 日　恩納

トキワカモメヅル｜かがいも科

林内のやや暗いところに生え、灌木に細いつるを絡ませ伸びる。実は中ほどがふくらんだ棒型で径 7 mm、長さは 7.7 cmほど。熟れて開くと綿毛のついた種が飛び立つ。

撮影：H30 年 7 月 19 日　南城

サクララン｜かがいも科

うす暗い石灰岩山中に生えるつる植物。卵型の葉は肉質。花はガラス細工のような白や淡い紫。実は線形、径 1 cm、長さ 10 cmほど。めったに実を結ばない。

撮影：H28 年 5 月 31 日　大宜味

キジョラン｜かがいも科

林床に生えるつる植物。木々を伝って伸びるつるに円形の大きな葉をつける。花は小さな壺型だが実は楕円体で径 5 cm長さ 10 cmと大きい。中には綿毛のついた種が。

撮影：H24 年 4 月 24 日　南城

シマタゴ｜もくせい科

石灰岩地帯に生える小高木。雌雄異株。花は薄黄色の小さな房状。実には翼があり、片羽の長さは2.5 ㎝ほど。はじめは紫色、日が経つにつれ黄緑に変わる。

撮影：H29 年 10 月 9 日　大宜味

シマトネリコ｜もくせい科

林内に生える高木で幹は白く、葉は羽型。雌雄異株で小さな白い花を多数つける。実は翼果で長さは2.7 〜 3 ㎝。

クスノハカエデ｜かえで科

石灰岩地帯に生える小高木。雌雄同株。実は 2 個が対で翼があり、落下するときはヘリコプターの翼のように回転し飛行距離を稼ぐ。種から翼までの長さは2.7 ㎝ほど。

撮影：H28 年 4 月 14 日　南城

プロペラで飛ぶ

カタバミ ｜ かたばみ科

畑や原野、庭先、鉢にまで入り込む。三つ葉の付いた細い枝を伸ばし、ハート型の三つ葉、かわいい黄色の花を付ける。実は五角形の棒状。径は4㎜、長さ2㎝ほど。熟れたころに触れると勢いよく種をはじき飛ばす。

撮影：H28年3月22日　南城

リュウキュウコスミレ ｜

すみれ科

道端や原野、庭先でもよく見かける。花色・形・大きさ・模様もいろいろ。実は角の取れた三角柱、径は5㎜ほど。熟れると立ち上がって3枚に開き、殻の閉まる力で種をはじき飛ばす。

撮影：H29年12月26日　南風原

はじけて飛んでいく種

撮影：H30年1月25日　本部

撮影：H30年4月21日　南城

インパチェンス ｜つりふねそう科

日陰のやや湿ったところを好む。園芸種が野生化して林道沿いに広がったが最近は減ってきた。実は紡錘形で径は8㎜ほど。触れると果皮が割れて巻き種を飛ばす。

アメリカフウロ ｜ふうろそう科

畑や道端で見られ、深く切れ込んだ葉が特徴的。実は毛深いカボチャ、径は6㎜ほど。熟れて乾燥すると真ん中の角に沿ってめくれ上がり種を放り投げる。

撮影：H28 年 3 月 20 日　国頭

キケマン｜けし科

海岸近くの林縁や石灰岩地帯に生える草。全体が有毒で触れるといやな臭い。実は豆型で長さ 3 ㎝ほど。実は熟れると二裂するが、種を飛ばす力はない。アリの好む物質もついていて種の移動を手伝ってもらっている。

撮影：H28 年 3 月 18 日　八重瀬

撮影：H28 年 4 月 3 日　本部

シマキケマン｜けし科

石灰岩地帯で日差しの弱い場所に生える。分枝しながら背を伸ばす。花は淡い黄色。茎が細くひ弱で花数も少ない。臭くて有毒。実は豆型で長さは 4 ㎝ほど。

ムラサキケマン｜けし科

道端などの日差しの弱いところに生えるが、あまり見かけない。株は有毒。熟れた実は小さな衝撃で勢いよく皮が巻き上がる。反動で皮も種も飛んで行く。実は豆型で長さは 1.5 〜 2 ㎝ほど。

ふわふわ輝く銀色の綿毛

撮影：H29年8月27日　糸満

リュウキュウボタンヅル｜
きんぽうげ科

つる性低木で切れ込みの多い葉を
つけ、十字型の白い花を咲かせる。
有毒と聞くがヤギは好んで食べ
た。放射状の実は銀色の綿毛をま
とう。羽を含む実の長さ3㎝ほど。

撮影：H29年8月27日　恩納

サンヨウボタンヅル｜きんぽうげ科

低地の林縁に生えるつる性木本。
楕円形の小葉の複葉、花は十字型
で真っ白。羽毛を含めた実の長さ
は3㎝ほど。

ビロードボタンヅル

きんぽうげ科

山地の林内や林縁に生えるつる性低木。葉はリュウキュウボタンヅルよりひと回り大きい。花はオレンジ色でつりがね型。銀色に輝く綿毛の球は花のように見える。実は綿毛の中。綿毛の球の大きさは径6cmほど。

撮影：H28年2月18日　国頭

撮影：H25年7月13日　南城

サキシマボタンヅル

きんぽうげ科

つる性低木で林縁の灌木にかぶさりつるを伸ばす。楕円形の小葉の複葉に真っ白い十字型の花。実は円形に近く、羽毛を含め3cmほど。

撮影：H29年12月11日　名護

撮影：H28年3月18日　南城

ヤンバルセンニンソウ

きんぽうげ科

乾燥気味の赤土林内に生えるつる性草本で、卵型小葉の複葉をつける。実には銀色の綿毛が。羽毛を含む実の長さは2.5〜3cm。

タンポポ｜きく科

ロゼット状の葉の中から花茎を伸ばし黄色い花を咲かせる。花がしぼむとさらに背を伸ばし綿毛を広げる。綿毛の球は径3〜4cm。

服について運ばれる

撮影：H29 年 7 月 11 日　国頭

タチアワユキセンダングサ｜

きく科

場所も季節も問わず茂り白い花を
咲かせる。種は服について肌を刺
す。健康茶としても利用される。
球体の実の径は 1.5 〜 2 ㎝。

撮影：H28 年 5 月 30 日　南城

タチシバハギ｜まめ科

広場の芝生の中で目にする草。綾
の入った三つ葉、枝先にピンクの
花が並び、しばらくすると豆がで
きる。豆果は長さ 3 ㎝ほど。表面
の細かい毛で服などによくつく。

撮影：H29 年 10 月 29 日　国頭

オオバボンテンカ｜あおい科

林内道路の脇で時折見かける低
木。ピンクのきれいな花、実は 5
個の種が合わさった偏楕円体で径
8 ㎜ほど。種にはイガがあって服
によく付く。

オヤブジラミ｜せり科

原野に生える草で日当たりのよい
場所では株全体が赤っぽくなる。
花数は少なく花も小さめ。毛や服
に付いて移動する。実は長さ7㎜
ほど。

撮影：H30年4月5日　八重瀬

ヤブジラミ｜せり科

畑の周りや原野に生える。茎は細
くてやや堅く、葉はニンジンのよ
う。枝先に白い小さな散形花序を
つくる。実は2個の種が合わさっ
た楕円体で長さは5㎜ほど。カギ
状の刺毛で動物の毛や服につく。
熟れて乾燥すると形や色がシラミ
に似る。

撮影：H30年4月1日　読谷

ツクシメナモミ｜きく科

畑など日当たりのよいところに生
える。細い茎で葉はまばらで隙間
だらけ。実はカボチャ型、径は8
㎜ほど。総苞から粘っこい液を出
し、毛や服について種を運んでも
らう。

撮影：H30年3月29日　南城

撮影：H28 年 1 月 15 日　八重瀬

きれいな鉄砲玉

モクタチバナ｜やぶこうじ科

石灰岩地帯の小高木。樹冠いっぱいに小さな花を咲かせる。実は偏楕円体で径 8 ㎜ほど。竹で空気鉄砲を造り青い実を弾にして遊んだ。黒紫色に熟れる。おいしいとはいえないがよく口に入れた。

撮影：H28 年 11 月 10 日　糸満

撮影：H28 年 3 月 1 日　今帰仁

ダンドク｜かんな科

カンナの原種。庭園用が野生化したもの。赤や黄色の花が穂状に。ゴツゴツして細かい突起のついた実は径 2.3 〜 2.6 ㎝。黒熟し、中には堅くて黒い種がある。女の子がこれでお手玉を造った。

オオバヤドリギ｜やどりぎ科

高木に寄生する半つる性低木。花は先が四裂。実は楕円体で径 7 ㎜ほど。赤褐色で熟れたらやや色が薄くなる。カンムチと呼ばれチューインガム代わりに。

盆栽にもなった木の実

撮影：H30年3月7日　東

ビナンカズラ｜もくれん科

山地の林縁に生え、木々をつたってやや太めのつるを伸ばす。楕円形の厚めの葉、雌雄異株で花はクリーム色。合体した実の径3〜4㎝。熟れる過程できれいなオレンジ色になり、黒紫色に変わる。実もの盆栽としても愛用されている。

ミズガンピ｜みそはぎ科

しぶきのかかる海岸岩上に生える小低木。磯を這うように曲がりくねった枝を広げる。小さな葉を付けて白い花を咲かせる。別名ハマシタン、盆栽に愛用されている。実は逆釣鐘型で径は6㎜ほど。

撮影：H28年9月6日　久米島

テンノウメ｜ばら科

海岸近くの岩に生える低木で、幹や枝の長さは50〜100㎝。岩上を這うように伸びる。枝先に小さな白い花を数輪咲かせる。盆栽に使われるが絶滅危惧種。自然のものは大切に。実は球形で径は9㎜ほど。

撮影：H29年8月10日　糸満

生け花でおなじみ

撮影：H30年2月13日　名護

マンリョウ｜やぶこうじ科

林内の歩道沿いなど、やや暗い場所に生える低木。細い幹から伸びた枝の先に星形でやや濁った白っぽい花。正月の飾りつけに使われる。実は球形、径は1〜1.1cm。

撮影：H30年1月15日　名護

撮影：H29年1月23日　名護

シロミノマンリョウ｜
やぶこうじ科

山中のやや薄暗い場所に生える。背丈はマンリョウよりも高めだが外見はそっくり。めったに見かけない実、かすかな甘味があった。実は偏楕円体、径は1cmほど。

センリョウ｜せんりょう科

ヤンバルの林内、やや暗いところに生える低木。節のある茎の枝先にノコギリ縁の楕円形の葉。花は薄緑で非常に小さい。実は球形で径は6mmほど。オレンジ色に熟れて正月の生け花に。

旧盆の供えもの

撮影：H28年7月14日　国頭

アダン｜たこのき科

海辺で帯状に林を造る小高木。雌雄異株。幹から出る気根の繊維で丈夫な縄が造られ、子供たちは葉で風車も作った。旧盆にはサルナシ、シークヮーサー、シイの実、シナノガキなどとともに実が仏壇に供えられた。実は楕円体で径15〜20cm。オレンジ色に熟れて甘い香り。

撮影：H28年10月9日　国頭

コバンモチ｜ほるとのき科

赤土山中に生える小高木。枝を横に伸ばし楕円形の葉を付ける。雌雄異株。花は小さく壺型で薄黄色。熟れた実は艶のある水色。長楕円形で径は8〜10mm。

撮影：H28年10月16日　今帰仁

シナノガキ｜かきのき科

林内に生える高木。雌雄異株で花はうす緑の小さな花。実は「シブガキ」と呼ばれ渋があるが過熟すると甘くなる。球形で径は2.1〜2.3cm。

ヤンバルの林床は宝石箱

撮影：H28 年 12 月 31 日　国頭

リュウキュウルリミノキ ｜

あかね科

ヤンバルの林床に生える低木。白く小さな花。実は径8㎜ほど。

撮影：H28 年 12 月 31 日　国頭

マルバルリミノキ ｜ あかね科

まっすぐな茎にやや短めの楕円形の葉、白い花。実の数は少ないがやや大きめで径は9〜10㎜。

撮影：H30 年 4 月 25 日　宜野座

タイワンルリミノキ ｜ あかね科

ルリミノキの中で最も毛深く、最も大きな葉。白い花はまばら。実の径は9㎜ほど。

撮影：H28 年 11 月 29 日　国頭

イソヤマアオキ ｜ つづらふじ科

別名コウシュウヤク、雌雄異株で非常に小さな黄色い花。実は偏球形で黒熟する。径は8㎜ほど。

アリドオシ ｜ あかね科

林床の低木で横に広がる曲がりくねった枝に小さな葉を付ける。花は2輪ずつ寄り添って咲く。実は球形で径は6〜7㎜。

撮影：H27 年 12 月 30 日　国頭

ツルラン | らん科

うす暗い林床の地生ラン。真っ白いきれいな花。実は紡錘型で径1.4cm、長さ4cmほど。ホコリのような種が入っている。

撮影：H27年12月9日　国頭

撮影：H29年11月1日　名護

ボチョウジ | あかね科

赤土の林に生える低木。しなやかな枝に楕円の大きな葉。花は淡い緑。実は球形で径1cmほど。

撮影：H28年10月20日　恩納

撮影：R1年10月3日　名護

シロミズキ | あかね科

林内の小高木。花弁が薄黄色で4裂する。実は球形で径は5〜8mm。赤熟する。

ヒメイタビ | くわ科

雌雄異株で幹から根を出し木々を這う。花と実は果のうの中。果のうの径は1.8〜2.4cm。

リュウキュウヤツデ | うこぎ科

薄暗林内で天狗のウチワのような葉を広げる。黒紫色に熟れる実は球形、径8mmほど。

撮影：H29年4月16日　大宜味

林道を彩る花の実たち

撮影：H28年5月31日　名護

撮影：H29年10月8日　国頭

ハマニンドウ｜すいかずら科

海岸近く、山地の林縁でも見られるつる性植物。初夏に唇型の花を咲かせる。実は先の尖った球形で径7mmほど。濃緑色に熟する。

撮影：H28年10月27日　国頭

エゴノキ｜えごのき科

林道沿いに見られる小高木。冬半ばに芽吹き真っ白いきれいな花を咲かせる。実は長楕円形、径は1.2cmほど。熟れると果皮が破れて種が露出する。果皮は有毒。

撮影：H29年10月9日　大宜味

トキワヤブハギ｜まめ科

草の真ん中から細い茎を伸ばしピンクの花をつける。実は三角形の扁平な小節果が三つほど連なる。長さは3〜5cm。

ハシカンボク｜のぼたん科

林道脇の日差しが弱くやや湿った斜面に生える低木。ピンクの小さな花は数が多く見栄えがするが、触れるとすぐに花びらを散らす。四角形のがくの実は径5mmほど。

撮影：H28年9月22日　恩納

撮影：H28年3月20日　東

カクレミノ｜うこぎ科

赤土林内の小高木。雌雄同株で花は星形。実は楕円形で径7〜8㎜。

フカノキ｜うこぎ科

矢車型の葉に、淡い緑色の小さな花。実は球形で大きさは5〜7㎜。

撮影：H28年10月16日　今帰仁

撮影：H29年2月20日　国頭

ハマセンダン｜みかん科

赤土林内、羽葉に淡黄色の小さな花。実はカボチャ型で熟れると裂けて種を放出する。径は7〜10㎜。

シマイズセンリョウ｜やぶこうじ科

林道沿いのやや暗い場所に生える低木。雌雄異株。実は球形で径5〜7㎜。食べられるらしい。

撮影：H29年12月11日　国頭

コバノミヤマノボタン｜

のぼたん科

ヤンバルのやや明るい山に自生。実は逆釣鐘型で径は5〜7㎜。

トキワガキ｜かきのき科

山地の明るい林内に生える。雌雄異株で壺型のかわいい花を咲かせる。実は球形で径は1.1㎝ほど。

撮影：H30年9月6日　国頭

湿ったところを好む実

ヤマビワソウ｜いわたばこ科

林道わきの湿地などに生える低木。葉の付け根から花軸を垂らして白い花を下向きに咲かせる。実はフカフカで球形、径は7〜9㎜。

撮影：H29年2月20日　国頭

タイワンハンノキ｜かばのき科

湿った場所を好む高木。雌雄同株で実はマツカサのような楕円体、径は1㎝ほど。熟れると黒褐色になる。

撮影：H27年11月23日　東

シシアクチ｜やぶこうじ科

薄暗い林内の流れの脇に生える。枝は垂れ、淡紅色の小さな花を咲かせる。実は偏楕円体で径8〜10㎜。黒紫色に熟れるが果肉は薄い。かすかな甘みに苦味が加わった味。

撮影：H27年11月26日　名護

木々によりそって

コンロンカ｜あかね科

林道沿いや林の中で木々に寄り
添ってつるを伸ばす。枝先の真っ
白いがくは暗がりでも目立つ。実
は楕円体で径は8mmほど。

撮影：H29年7月17日　恩納

撮影：H30年5月22日　名護

リュウキュウウマノスズクサ｜

うまのすずくさ科

低地や山地の林縁で木々につるを
絡ませる。葉は円形で花はサキソ
フォン型。実は縦あやの入った棒
型で径2.2cm、長さ5.2cmほど。

ヒョウタンカズラ｜あかね科

山地林縁のつる性低木。枝に細長
い葉が並び、下側に白いろうと型
の花。実は径6mmほどで黄熟、名
前の由来は実の形だそう。

撮影：H27年10月26日　国頭

シマユキカズラ｜ゆきのした科

林内で木々に付着してつるを伸ば
し、枝先に白い小さな花を咲かせ
る。実は小さなタッチュウゴマの
形。径は5mmほど。

撮影：H27年11月9日　国頭

撮影：H29年2月2日　国頭

タイミンタチバナ｜やぶこうじ科

赤土の林内や林縁などのやや明るい場所に生える小高木。雌雄異株。実は球形で径6mmほど。黒紫色に熟れる。

撮影：H30年11月21日　国頭

アデク｜ふともも科

赤土林内に生える小高木。細い枝先に白い花。花びらは早々と散り、いつ見てもおしべだけ。実は球形で径1cmほど。黒紫色に熟れる。

赤土の山で見つけた実

シマカナメモチ｜ばら科

乾燥気味の赤土林内の低木。立ち上がる幹に細い枝、涼しげな白い花を咲かせる。実は小さな楕円体で赤色に熟れる。径5mmほど。

撮影：H28年10月20日　恩納

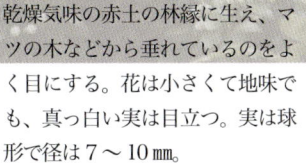

シラタマカズラ｜あかね科

乾燥気味の赤土の林縁に生え、マツの木などから垂れているのをよく目にする。花は小さくて地味でも、真っ白い実は目立つ。実は球形で径は 7 〜 10 ㎜。

撮影：H29 年 1 月 31 日　今帰仁

撮影：H28 年 3 月 15 日　恩納

ボロボロノキ｜ぼろぼろのき科

乾燥気味の赤土林内に生える小低木。壺型の花。幹や枝が折れやすいのでこの名がついた。実は楕円体で径8㎜ほど。黒紫色に熟れる。

撮影：H29 年 11 月 21 日　恩納

ヒメユズリハ｜とうだいぐさ科

赤土林内の小高木。雄花は薄緑または茶の車輪型。雌花は小さな子房と 3 裂する柱頭だけ。実は楕円体で径8 〜 9 ㎜。黒く熟れる。

石灰岩林の巨木から 1

撮影：H30 年 3 月 22 日　八重瀬

バクチノキ | ばら科

石灰岩地帯の高木。褐色のすべすべした木肌でノコギリ縁の葉。その付け根に白い花、ブラシ状の花序がおもしろい。実は黒色に熟れ艶がある。先の尖った楕円体で径は 1 〜 1.4 cm。

撮影：H28 年 7 月 25 日　糸満

クワノハエノキ | にれ科

石灰岩地帯に生える高木。雌雄同株で花は薄緑で非常に小さい。新芽が芽吹くとメジロが集まる。目当ては花の蜜ではなく虫？ 実はオレンジに色づき黒紫色に熟れる。実は球形で径は 8 mm ほど。

アカテツ ｜あかてつ科

石灰岩地帯に生える高木。若枝や葉の裏には赤褐色の毛が密生。方言でチーチーギーと呼ばれ枝葉を傷つけると乳液が出る。雌雄異株。花は薄緑、実は楕円体で径は1㎝ほど。受粉が難しいらしく、なかなか実を見せてくれない。

撮影：H30年8月14日　南城

オオクサボク ｜おしろいばな科

石灰岩林内に生える小高木。時には巨木になることもある。花は淡い黄色で小さく地味。「ウドの大木」と呼ばれる木で材が柔らかく使い物にならない。実は棒状で径1〜1.5㎝。

撮影：H28年2月2日　南城

ヘツカニガキ ｜あかね科

なじみのない小高木。横に張り出した枝に卵型の広い葉。花は淡い黄色で枝先に複数のボール型の花序を造る。実はゴツゴツした球形、径は1.3㎝ほど。熟れてもあまり色の変化はない。

撮影：H29年8月27日　恩納

ニガキ ｜にがき科

石灰岩地帯に生える小高木。枝に羽葉を広げる。雌雄異株で小さな薄緑色の花は目立たない。実は球形で径は5〜6㎜。黒色に熟れ艶がある。

撮影：H28年5月3日　南城

アオギリ｜あおぎり科

石灰岩地帯林内の小高木。花はクリーム色で小さめ。実は袋状で裂けると４個の小さな種がのぞく。袋の長さは６cmほど。

撮影：H28年7月14日　恩納

ツゲモドキ｜とうだいぐさ科

石灰岩地帯の林内の小高木。白い肌の木で、枝に濃い緑の楕円形の葉を付ける。花は白、花弁はない。白い実は楕円体で径は1.3cmほど。熟れるとややピンク色を帯びる。

撮影：H28年8月25日　糸満

チシャノキ｜むらさき科

石灰岩地帯の林内に生える高木。白い肌の木。枝先に真っ白な小さな花が集まって円錐形の花序を造り見栄えがする。実は小さくオレンジ色に熟れる。実は球形で大きさは径4〜5mm。

撮影：H27年10月4日　南城

ヤエヤマネコノチチ |

くろうめもどき科

石灰岩低地の小高木でフタオチョウの食草。花は5mmほどの半開きで淡黄緑色。実は楕円体で径は5mmほど、黄から赤そして黒熟する。

撮影：H28年8月14日　今帰仁

キュートなオレンジ色

ショウベンノキ |

みつばうつぎ科

石灰岩地帯の墓地や拝所の前などやや暗いところに生える小高木。しなやかな枝に三つ葉、枝先に白い花の円錐形花序。実は球形で径は9〜10mm。オレンジに熟れる。

撮影：H29年12月22日　南城

ギョボク | ふうちょうそう科

石灰岩地帯に生える小高木。柄の長い三つ葉、長く伸びたおしべやめしべが特徴的な花。実はヘソがついた楕円体で径は2.6〜4.2cm。

撮影：H27年10月4日　那覇

撮影：H29 年 7 月 17 日　恩納

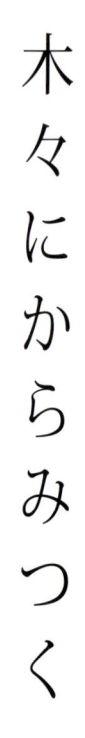

撮影：H27 年 11 月 27 日　那覇

テリハノブドウ ｜ぶどう科

石灰岩地帯の林縁のつる性低木。ハート型または浅い切れ込みのある葉。花は両性花で黄緑。実は球形で径 6〜8㎜。青や紫色に熟れる。たいてい虫が棲んでいて、色の変化は虫のせいらしい。

ハスノハカズラ ｜つづらふじ科

山地や海岸近くの林縁で見かけるつる性低木。葉柄はハスのように葉の中ほどにつく。雌雄異株で、花は淡緑色で放射状に広がる花序。実は球形で径は 6〜8㎜。朱色に熟れ艶があってきれい。

撮影：H28 年 12 月 22 日　那覇

撮影：H27 年 11 月 29 日　糸満

ヘクソカズラ ｜あかね科

数mに伸びたつるが垣根や低木に絡む。花は釣鐘状、花びらの外が白、内側が茶色。ピンク色に熟れる実は球形で径 6㎜ほど。

トウヅルモドキ ｜とうづるもどき科

石灰岩地帯林縁のつる性草本。細い茎、葉の先端には巻きひげ。花は黄白色で円錐花序を造る。実は球形で径 8㎜ほど。ピンク色に熟れてかわいい。

撮影：H29 年 1 月 31 日　南城

撮影：H28 年 10 月 20 日　恩納

フウトウカズラ｜こしょう科

石灰岩地帯の林内でよく見かける。雌雄異株。花は白で下垂する穂状の花序を造る。実は球形で径5 ㎜ほど、房の長さは 5 ～ 10 ㎝。熟れると赤くなる。こしょう科だが辛くない。

ヤブガラシ｜ぶどう科

林縁や荒地に生えるつる性の草本。両性花で花は黄緑。花びらと雄しべを早々と散らしオレンジの花盤が残る。花盤には蜜があって虫が集まる。実は球形、径は 9 ～ 10 ㎜。黒熟する実は艶やか。

暗い森でひそかに

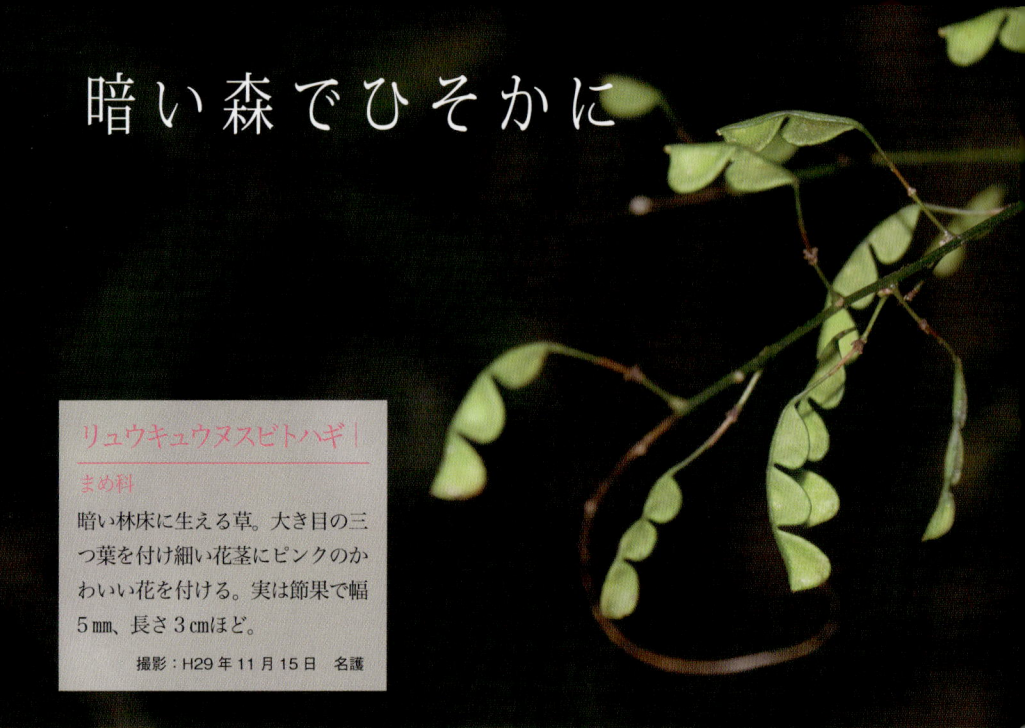

リュウキュウヌスビトハギ

まめ科

暗い林床に生える草。大き目の三つ葉を付け細い花茎にピンクのかわいい花を付ける。実は節果で幅5㎜、長さ3㎝ほど。

撮影：H29年11月15日　名護

撮影：H29年12月4日　宜野座

オオバルリミノキ｜あかね科

石灰岩地帯の林床に生える低木で枝に縁が波打つ大き目の葉を付ける。ルリの名だが熟れた実は黒く楕円体、径は9〜11㎜。

撮影：H27年12月19日　恩納

ショウキズイセン｜ひがんばな科

石灰岩むき出しの林内に生える草本。黄金色のきれいな花。実はゴツゴツして皮が枯れて破れると黒い種が現れる。径は1.5〜2㎝。

撮影：H27 年 12 月 22 日　那覇

撮影：H28 年 4 月 3 日　本部

ギョクシンカ｜あかね科

石灰岩地帯でよく見かける低木。
白く細い花びらが涼しげ。実は球
形で径は 8 ㎜ほど。黒熟するか直
前に落下するものが多く、熟れた
実が揃うことはあまりない。

セイタカカスズムシソウ｜

きつねのまご科

石灰岩地帯の林床で人の背丈より
伸びる。花は紫色の曲がったラッ
パ型、実は細長い棒型で径 3 ㎜、
長さ 2.2 ㎝ほど。

撮影：H28 年 7 月 14 日　大宜味

撮影：H27 年 11 月 7 日　糸満

クロツグ｜やし科

石灰岩地帯の薄暗い場所に生え
る。茎の高さ 1 〜 3m。丸く長い
葉柄はチャンバラの道具。実は球
形で径 1.7 〜 2 ㎝、赤く熟れる。

グミモドキ｜とうだいぐさ科

石灰岩地帯の林縁に生える低木。
葉や茎が銀色の鱗片で覆われてツ
ルグミそっくり。雌雄同株。実は
ゴツゴツした球で径は 7 〜 8 ㎜。

樹上で芽ぶく不思議な実

撮影：H29 年 12 月 20 日　南城

撮影：H28 年 4 月 20 日　南城

メヒルギ｜ひるぎ科

マングローブの中で最も多く、背丈は 5〜8m。実は樹上で芽ぶき根を伸ばし棒状に。茶変して落下、泥に刺さればそこに根づき、立ち損じたものは水に流れて新天地へ。棒の径1.2㎝、長さ20〜30㎝。

オヒルギ｜ひるぎ科

マングローブに生える。高さ 5〜10m。実はがくの中に隠れていて、樹上で発芽する。棒の径 1.5 ㎝、長さ 18 ㎝ほど。

シイノキカズラ ｜まめ科

マングローブのふちで木々にかぶさり伸びるつる性低木。実は楕円形に近い豆果で長さは 4 〜 5 ㎝。葉陰に隠れてひっそり実る。

撮影：H28 年 11 月 5 日　東

撮影：H28 年 7 月 6 日　南城

ヤエヤマヒルギ ｜ひるぎ科

マングローブの一員で背丈は 5 〜 10m。白いがくにヒゲ状の白い花びら。実は茶色の球形部分で樹上で発芽、根を伸ばし棒状になる。実の径 1.2 ㎝、長さ 22 ㎝ほど。

撮影：H30 年 4 月 21 日　南城

ハマジンチョウ ｜はまじんちょう科

マングローブの縁などやや湿った砂地に生える。花はロート型で紫の斑が入る。実は先の尖った偏楕円体で径 1.3 〜 1.5 ㎝。

ヒルギダマシ ｜くまつづら科

マングローブの 70 〜 100 ㎝の低木だが気根を広げテリトリーをアピールする。葉の付け根から伸びた花軸に小さなオレンジの花。実は長径 1.7 ㎝ほど。

撮影：H28 年 8 月 31 日　南城

闇夜に咲く花の実

サガリバナ｜さがりばな科

河口近くの岸辺に生える。高さは
5〜10m でフジのように花軸を
垂らして白や淡い紫の花を咲かせ
る。夜に花開いて甘い香りを放つ
が朝には散ってしまう。実は角
ばった楕円体で径は 3.5 ㎝ほど。

撮影：H28 年 12 月 22 日　那覇

撮影：H27年11月12日　南城

サキシマハマボウ｜あおい科

海岸近くやマンブローブ後方に生
える小高木で高さは5〜8m。葉
脈のはっきりした葉、花は花弁が
重なりきれいに開かず、淡い黄色
で見栄えがしない。実はピンポン
球のように丸い実で熟れると黒く
なる。実は径3.5㎝ほど。

撮影：H29年8月9日　読谷

オオハマボウ｜あおい科

海岸の近くの岩上や平地に生える
小高木。岩の上では1mほどだが
平地では5〜10mにも伸びる。
実は球形、径2㎝ほど。熟れて枯
れたら開いて種を飛ばす。

葉陰に隠れるセンダン

アカギ｜とうだいぐさ科

湿り気があれば土を選ばず、まっすぐ伸び巨木になる。雌雄異株。黄緑の花序を造る。雄花は花数が多いが花弁がなく、雌花は柱頭だけで地味。樹皮はミンサー織の染料。実は球形で径は 1.2 〜 1.3 ㎝。

撮影：H27 年 11 月 19 日　那覇

イスノキ｜まんさく科

林内に生える高木。雌雄同株。葉には黄緑色をした風船のような虫こぶができる。実は楕円体で径は1 〜 1.2 ㎝。黄褐色の毛で覆われ赤っぽい。

撮影：H28 年 5 月 9 日　大宜味

センダン｜せんだん科

林内に生える高木で家具材として重宝された。横に広がった傘形の枝に羽葉が垂れ下がる。花は薄紫。実は楕円体で径 1.4 〜 1.6 ㎝。葉を落とした晩秋の頃に姿を現し、黄緑色に熟れる。

撮影：H27 年 11 月 23 日　今帰仁

撮影：H28 年 6 月 29 日　名護

ウラジロエノキ｜にれ科

低地に生える高木で成長が早く枝を横に広げる。雌雄同株で薄緑の小さな花をつける。実は楕円体で径 4 ㎜ほど。黒熟する。

撮影：H27 年 10 月 26 日　国頭

ホルトノキ｜ほるとのき科

赤土林内、石灰岩地帯の高木。縁起のいい木とされ公園や街路樹によく利用されている。実は長楕円形で径 1.4 〜 1.6 ㎝。熟れてもあまり色の変化はない。

ソウシジュ｜まめ科

石灰岩地帯、ジャーガル、赤土の山などいろんなところに生える。黄色いポンポン玉状の小さな花を多数咲かせ、奇妙な香りを漂わせる。豆は扁平で長さ 5 〜 8 ㎝。

撮影：H28 年 6 月 16 日　国頭

海辺の林に丸い実が

撮影：H29 年 2 月 15 日　糸満

テリハボク │ おとぎりそう科

海辺で林を造る高木。まんまるい実は径 2.6 〜 3.2 ㎝。熟れると褐色を帯びる。種から油が採れる。

撮影 H27 年 12 月 8 日　南城

ハスノハギリ │ はすのはぎり科

海岸の林の高木。雌雄同株。実は径 3.5 ㎝ほど。まるでちょうちんで熟れると白くなるが、まれに赤いものも。先端の丸い穴から種がのぞく。種の径は 1.9 ㎝ほど。

撮影：H30 年 1 月 23 日　南城

モクマオウ │ もくまおう科

海岸に生える高木。雌雄異株。実の径 2 〜 2.2 ㎝。突起の付いた樽状で、突起が開いて羽の付いた種を飛ばす。

一番乗りに生える

撮影：H27 年 10 月 24 日　南城

ギンネム｜まめ科

海岸近くや石灰岩地帯などの開けた場所にいち早く根を下ろす低木。羽型の葉と毬型のややくすんだ白い花。実は豆果で扁平なさや、幅 1.7 ㎝、長さ 15 〜 20 ㎝。

撮影：H28 年 9 月 5 日　久米島

ビロウ｜やし科

海岸近くや山の斜面の高木。雌雄異株。葉はクバガサやオオギの材料に。また、祝いのごちそうも包んでゲーヌ（サン）を添えて持ち帰った。実はやや潰れた楕円形で径 1.5 〜 1.8 ㎝。青紫に熟れる。

撮影：H27 年 12 月 19 日　恩納

タラノキ｜うこぎ科

海岸近くの林縁に生える低木。細い真っすぐな茎の頂で羽葉を広げる。乳白色の小さな花で大きな花序を造る。小さな実は球形で 3 ㎜ほど。紫色に熟れる。

撮影：H27年10月19日　読谷

撮影：H28年8月1日　糸満

クサトベラ｜くさとべら科

海岸林の縁に生える低木。柔らかな枝の先端に倒披針形の葉、扇形の白い花を咲かせる。実は楕円体で径は 1.2 cmほど。

テリハクサトベラ｜くさとべら科

クサトベラとよく似ているが違いは葉の表裏の綿毛に、葉のつやと感触。実は径 1.2 cmほど。

砂浜のうしろを陣取って

モンパノキ｜むらさき科

海岸の岩上や砂浜に生える低木。花は白くて円錐形の花序、ゴツゴツした木肌、曲がりくねった幹や枝、綿毛に覆われた大きな葉が特徴的。実は球形で径は 7 〜 8 mm。果軸に並ぶ実はまるでタコ足の吸盤、黄色に熟れる。

撮影：H28年5月16日　南城

ハマウド｜せり科

砂浜や海辺の岩上の草本。太い茎に切れ込みの入った大きな葉、花は白く小さい。実は2個が合体した小判型で放射状に広がる。厚さ3mm、長さ8mmほど。

撮影：H28年5月2日　糸満

撮影：H27年10月19日　恩納

撮影：H28年2月10日　うるま

イボタクサギ｜くまつづら科

海岸背後の林縁やマングローブに生える半つる性の低木。しなやかな枝に楕円形の葉。花は白く細長いろうと型。実は倒卵型で径は1.2〜1.4mm。

アオガンピ｜じんちょうげ科

海岸の岩上や乾燥地の低木。しなやかな枝にやや厚めの青白い葉、黄緑色の花。木皮の繊維は和紙の原料だが毒があるらしい。実は球形で径6〜8mm。

強い日差しの砂浜で 1

撮影：H28 年 3 月 28 日　南城

ハマボウフウ｜せり科

砂浜に生える草本。やや厚めの葉をロゼット状に広げる。花は白くて太い花軸の複散形花序。実は球形でたくさんの種が縦に並ぶ集合体。実の径は 1.1 ㎝ほど。

ハマボッス｜さくらそう科

砂浜や海辺の岩上の草で、白または淡いピンクのきれいな花が花軸の先に咲く。実は柱頭が残った楕円体。径は 6 ㎜ほど。

撮影：H28 年 5 月 16 日　うるま

ハマダイコン │あぶらな科

砂浜に生えるやせ細ったダイコン。細長くて葉も茂らない。花はやや濃い紫。中国から渡来し野生化したものらしい。実は節がくびれた棒状で断面の径は9mmほど。

撮影：H28年3月28日　うるま

撮影：H29年9月1日　糸満

ハマササゲ │まめ科

つるを伸ばし枝を広げ砂浜を占拠する。花は黄色の蝶型だが葉に圧倒されて目立たない。実は黒熟する豆で幅9mm、長さ5cmほど。

撮影：H29年7月9日 糸満

グンバイヒルガオ │ひるがお科

つる性低木で茎を伸ばして砂浜に広がる。夏場に紅紫色の花が一斉に開く様子は見事。種は漂流するのでどの浜にも生える。実は偏楕円体で径1.7cmほど。

ハマオモト │ひがんばな科

砂浜に生える草本。太めの茎に昆布のような葉、花は白くて放射状。茎は筒状で皮の内側のビニール状の膜を丁寧にはがし取り、色水を入れて遊んでいた。実はヘソの付いた球形で径は4〜5cm。

撮影：H28年8月4日　うるま

強い日差しの砂浜で 2

撮影：H28 年 6 月 2 日　南城

ハマゴウ｜くまつづら科

海岸近くの台地や砂浜に生える低木。昼間は背景に溶け込むので花を見るなら早朝。実は黒熟し球形で径 7 ㎜ほど。

ミツバハマゴウ｜くまつづら科

石灰岩地帯に生える低木。枝は細く葉の重みで垂れ下がる。葉は三つ葉もあれば一つ葉も。紫色のきれいな花、実は球形で径 6 ㎜ほど。黒熟する。

撮影：H28 年 9 月 19 日　糸満

スナヅル｜くすのき科

砂浜のつる植物。半寄生植物で葉のないつるを広げてグンバイヒルガオやハマゴウなどの養分を奪う。白い小さな花はめったに開いた姿を見せない。実は球形で径8mmほど。

撮影：H29年2月15日　糸満

撮影：H28年5月12日　読谷

撮影：H30年4月5日　八重瀬

ツルナ｜ざくろそう科

海岸砂地の草。根元で分岐した枝を四方に伸ばし、三角形の葉の付け根に黄色の小さな花。食べられる野草で「ホウレンソウの味がする」とも。実はがくが膨らんだ釣鐘型、径は7〜10mmほど。

ミツバコマツナギ｜まめ科

日当たりのよい海岸台地の岩上に生える。枝先付近の葉の付け根に赤い花を咲かせる。実は角ばった小さな豆果で長さは2cmほど。

アメリカネナシカズラ｜

ひるがお科

海岸近くの草地で見かけるつる植物。葉も葉緑素も持たず、白いつるから出る吸盤で他の植物から栄養を奪う。小さいが多数の花、実は楕円体で径3mmほど。

撮影：H30年4月10日　南城

ナンゴククサスギカズラ ｜ ゆり科

日差しの強い海岸台地の岩上に生える草本。雌雄異株で花は小さく淡い黄色。実は熟れても白い色。球形で径は8㎜ほど。

撮影：H28年6月29日　恩納

撮影：H29年7月31日 糸満

海辺の岩場に

テッポウユリ ｜ ゆり科

海岸近くや石灰岩の原野で白いろうと型の花を数輪咲かせる。棒型の実には扁平な種が詰まっている。実の径2㎝、長さ5㎝ほど。

イワタイゲキ ｜ とうだいぐさ科

海岸の鋭くとがった岩肌の窪みに根を下ろす。赤い茎、青く細長い葉、先端の黄色い花はまるで造花。ゴツゴツした実の径は7㎜ほど。

撮影：H28年4月25日　糸満

クソエンドウ ｜ まめ科

日当たりのよい海岸の岩上に生える草本。枝先の花軸にスイートピーのような花が並ぶ。豆果は長さ8cmほど。

撮影：H30年3月22日　糸満

ハナコミカンボク ｜
とうだいぐさ科

海岸近く、日差しの弱い岩上に生える低木で、背が低く一見草本。雌雄同株。絶滅危惧種。実は偏楕円体で径は4mmほど。

撮影：H29年11月7日　恩納

アマミヒトツバハギ ｜
とうだいぐさ科

海岸岩上に生える低木、日差しの強い岩場では50cmに満たない高さで株立ちに、林縁のものは2〜3mの木立になる。白くて非常に小さく目立たない花が葉の付け根に。実は偏楕円体で径4〜6mm。

撮影：H30年3月29日　糸満

海辺の斜面で

撮影：H27 年 10 月 15 日　恩納

撮影：H29 年 9 月 7 日　今帰仁

ナハキハギ｜まめ科

　海岸近くに生える低木。枝には楕
円形の三つ葉が並び、葉の付け根
に白い花を咲かせる。しなやかな
枝が揺れて甘い香りを漂わせる。
実は豆果で長さは 2 〜 3 ㎝。

ハマセンナ｜まめ科

　海岸近くの斜面でよく見かける小
高木で高さは 5 〜 7m。花は白地
にこげ茶の網目模様で濁った色。
線形の豆の長さは 7 〜 10 ㎝。

撮影：H23 年 8 月 21 日　久米島

シマエンジュ｜まめ科

　磯浜の草地や近くの斜面で見かけ
る低木。羽葉、枝先から伸びた花
軸にクリーム色の花が並ぶ。偏楕
円形の豆果は長さ 3 ㎝ほど。

林で見るかわいい実

ミスミトケイソウ｜とけいそう科

海岸近くの林で見かけるつる性草本。巻きひげで木に絡む。切れ込みのある葉、花は小さく薄緑。実は偏楕円体、径9〜12㎜。口に入れてみたがパッションフルーツの味はしなかった。

撮影：H27年11月2日　恩納

撮影：H30年1月15日　名護

ヒメトケイソウ｜とけいそう科

道路沿いの木々につるを伸ばし枝葉を茂らせる草本。葉の形は楕円形、実は楕円体で径9〜11㎜。黒く熟れる。

撮影：H28年10月30日　南城

タイワンソクズ｜すいかずら科

石灰岩地帯の林縁に生える草本。切れ込んだ大きな葉、先端に白い花。蜜は花序の中にある黄色い球（腺体）から。実は球形で径3〜4㎜。

撮影：H28年5月16日　うるま

ジュズサンゴ｜やまごぼう科

海岸近くの林の中、やや暗い場所に生える低木。観賞用が野生化。花は淡紅色で非常に小さく花軸に並ぶ。実は球形で径5㎜ほど。真っ赤に熟れて艶がある。

草原のかわいい実

ルリハコベ｜さくらそう科

畑の中や原野に生える雑草。根元で分岐した茎を四方に広げる。葉の付け根から細い花柄を伸ばし瑠璃色のきれいな花を咲かせる。実はかわいい球形で径3〜5㎜。熟れた色は白。

撮影：H28年3月2日　南城

撮影：H29 年 4 月 16 日　本部

ヘビイチゴ｜ばら科

道端や田んぼのあぜなど湿った場
所に生えるつる植物。小さく黄色
の花、真っ赤に熟れる実は球形で
径 7〜9 mmほど。毒はないが味が
なくザラザラした食感。

イシミカワ｜たで科

畑の周りで見かけるつる性草本。
葉は三角形で面白い形。つるや葉
柄に鋭い棘があって撤去が厄介。
花は淡い緑色で花弁を持たず。が
く片が花びら代わり。実は球形で
径 5mm ほど。赤紫や青紫色に見
えるものはがく片が肉質化したも
ので、本当の実は中にある。

撮影：H23 年 5 月 22 日　大宜味

野原や公園で

ニワゼキショウ｜あやめ科

公園などの緑の広場でよく見かける草本。分岐した茎の先端に星形の小さな花を付ける。花の色は淡い紫や黄色。実は球形で径４㎜ほど。縦縞があってかわいいが愛でるには小さすぎる。

撮影：R1 年 5 月 9 日　八重瀬

リュウキュウトロロアオイ

あおい科

畑の周りや原野に生える草本。花は黄色、実はずんぐりしたオクラ状。茎や実には粗毛があり手に刺さる。実は径2cm、長さ5cmほど。黒熟して裂け種をこぼす。

ホシアサガオ ｜ ひるがお科

畑やその周りでよく見かける小さなアサガオ。繁殖力旺盛で畑に侵入されると厄介。葉の付け根から伸びた花茎に5〜6輪の非常に小さな紫の花。実の径は7mmほど。

撮影：H27年11月12日　糸満

撮影：H28年11月26日　南風原

南国らしい公園樹

撮影：H30 年 6 月 25 日　国頭

デイゴ | まめ科

幹を太らせて枝を広げて大木になる。真紅の花は沖縄県の花にも指定されているが、帰化植物で自然林内では見ない。最近はヒメコバチにやられて花をつける木が減った。木は漆器の材料に。受粉率が低いらしくあまり実を見せてくれない。実は節果、径は 2.1 ㎝、長さは 15 〜 17 ㎝。

撮影：H27 年 11 月 12 日　南城

モモタマナ ｜しくんし科

公園や墓地などに植えられて巨木
になる。白く小さな花で穂状の花
序を造る。広い葉を付けて夏場は
涼しい木陰を造ってくれるが冬に
は葉を赤く染めて落ちる。実は楕
円体、径は 4 ㎝ほど。熟れると黄
変する。

撮影：H28 年 8 月 6 日　糸満

オオバアカテツ ｜あかてつ科

数十年前に台湾から持ち込まれた
小高木。白い幹によく葉を茂らせ
る。小さく白い花は葉に圧倒され
て目立たない。街路樹や公園植栽
に利用されていたが、花が臭いた
め最近では使われなくなった。実
は楕円体で径 2.5 ㎝ほど。

和名索引

［著者紹介］

安里　肇栄
あさと　ちょうえい

1948年　沖縄県久米島生まれ。
1972年　琉球大学卒業。
山中の花に魅せられ、ヤンバルに通う
ようになった。
2013年『おきなわ野山の花さんぽ』
2016年『おきなわ毎日花さんぽ』（い
ずれもボーダーインク）を出版。
現在もカメラを片手に野山の散策を続
けている。

おきなわ木の実さんぽ

初版発行　2019年11月22日

写真／文　安里肇栄
発行者　池宮紀子
発行所　ボーダーインク
　　　　〒902-0076　沖縄県那覇市与儀226-3
　　　　電話098（835）2777　fax098（835）2840
　　　　http://www.borderink.com
印刷所　株式会社東洋企画印刷

© Chouei ASATO 2019　Printed in Okinawa
ISBN978-4-89982-373-5